DIE PHYSIKALISCH-CHEMISCHE UNTERSUCHUNG DES RHEINWASSERS

ANALYSE PHYSICO-CHIMIQUE DE L'EAU DU RHIN

INTERNATIONALE KOMMISSION
ZUM SCHUTZE DES RHEINS GEGEN VERUNREINIGUNG

COMMISSION INTERNATIONALE
POUR LA PROTECTION DU RHIN CONTRE LA POLLUTION

Bericht der Experten-Kommission über die physikalisch-chemische Untersuchung des Rheinwassers

1. Serie Juni 1953 bis Juni 1954

ausgearbeitet vom Sekretariat der Kommission unter der Leitung
von Herrn Dr. F. Zehender, Zürich, und von der Kommission der Delegierten
genehmigt in der Sitzung vom 14. bis 17. September 1955 in Strassburg

Rapport de la commission des experts sur les analyses physico-chimiques de l'eau du Rhin

1ère série juin 1953 à juin 1954

rédigé par le secrétariat de la Commission sous la direction
de M. le Dr F. Zehender, Zurich et accepté par la Commission des délégués
lors de la réunion du 14 au 17 septembre 1955 à Strasbourg

SPRINGER BASEL AG

1956

INHALTSVERZEICHNIS

TABLE DES MATIÈRES

ISBN 978-3-0348-6791-7   ISBN 978-3-0348-6804-4 (eBook)
DOI 10.1007/978-3-0348-6804-4

VORWORT

Auf Anregung ihrer niederländischen Delegation diskutierte die Zentralkommission für die Rheinschiffahrt in ihrer Sitzung vom 10. bis 13. April 1946 in Straßburg das Problem der Verunreinigung des Rheinstromes und beauftragte die Delegierten der in dieser Kommission vertretenen Staaten, ihre Regierungen auf dieses bedeutsame und dringende Problem aufmerksam zu machen.

Daraufhin richtete die niederländische Regierung an das Eidgenössische Politische Departement in Bern ein *Memorandum,* in dem auf die großen Gefahren hingewiesen wurde, die sich aus der stets zunehmenden Verunreinigung des Rheinwassers für die Wasserversorgung weiter Gebiete der Niederlande, aber auch für die Fischerei im Rhein in neuerer Zeit ergaben. Es wurde angeregt, die Regierungen der Rheinanliegerstaaten möchten Verhandlungen anbahnen,

«um auf Grund einer Vereinbarung nach und nach eine Verbesserung der Qualität des Rheinwassers anzustreben. Es erscheint jedoch notwendig, vorerst den Rhein und seine Zuflüsse abwassertechnisch zu untersuchen und die verschiedenen Verunreinigungsquellen zu bestimmen. Hernach müssen Art und Grad der Verunreinigung festgelegt werden. Auf Grund einer solchen Erhebung wäre es alsdann möglich, die Forderungen, die an die Reinheit des Wassers gestellt werden müßten, sowie die zu treffenden Sanierungsmaßnahmen festzulegen.»

Im Anschluß an den im August 1948 in der Schweiz durchgeführten internationalen Limnologenkongress berief die Eidgenössische Inspektion für Forstwesen, Jagd und Fischerei die Mitglieder der internationalen Lachskonferenz zu einer Sitzung nach Basel ein, an der unter dem Vorsitz des eidgenössischen Fischereiinspektors, Herrn A. MATHEY-DORET, die Frage der Verunreinigung des Rheinstromes eingehend diskutiert und zur Behandlung der damit zusammenhängenden Probleme die Schaffung einer internationalen Abwasserkommission in Aussicht genommen wurde. Die anwesenden Vertreter der Vertragsstaaten verpflichteten sich, ihren Regierungen nahezulegen, Bevollmächtigte zu ernennen und in die genannte Kommission abzuordnen. Diese konnte auf Veranlassung der Schweiz im Frühjahr 1948 auf diplomatischem Wege bestellt werden.

Am 11. Juli 1950 traten die von den Regierungen ernannten Delegierten, unter Zuzug einiger Beobachter und Berater, zu einer Sitzung in Basel zusammen und nahmen als «Internationale Kommission zum Schutze des Rheins gegen Verunreinigung» ihre Arbeit unter der Leitung von Herrn Dr. U. A. CORTI, Zürich, unverzüglich auf, indem sie aus je zwei Fachexperten aus den Niederlanden, Deutschland, Frankreich und der Schweiz eine technische Sub-Kommission bestellte, der die Aufgabe übertragen wurde, in gemeinsamer Arbeit durch eine zunächst einjährige Analysenserie den physikalisch-chemischen Zustand des Rheinwassers an charakteristischen Stellen vom Untersee bis nach Holland zu ermitteln. Die im erwähnten Memorandum geforderte physikalisch-chemische Untersuchung hat zum Ziel, den derzeitigen Zustand des Rheinwassers auf dem ganzen Stromlauf festzustellen und von sämtlichen Rheinanliegerstaaten *anerkennen* zu lassen als Grundlage, auf der die Sanierung des Rheinstromes aufgebaut werden soll. Zunächst galt es deshalb, zuverlässige, für sämtliche Experten verbindliche, einheitliche Analysenmethoden festzulegen und auszuarbeiten, um an allen Prüfstellen wirklich vergleichbare Werte zu erhalten. Diese Vorarbeit nahm geraume Zeit in Anspruch.

Auf den 30.Juni 1952 trat Dr.U.A.CORTI als Delegierter der Schweiz und als Präsident der Kommission zurück; als seinen Nachfolger ernannte der schweizerische Bundesrat den Unterzeichneten, dem in der zweiten Sitzung, die am 21. und 22.Mai 1953 in Schaffhausen stattfand, das Präsidium sowohl der Delegierten- als auch der Expertenkommission übertragen wurde. Anläßlich dieser Tagung in Schaffhausen genehmigten die Delegierten das von der Expertenkommission vorgeschlagene Analysenprogramm, so daß die Untersuchungsarbeit bereits Mitte Juni 1953 an sämtlichen vorgesehenen Punkten des Rheinlaufes begonnen werden konnte. Auch wurde an dieser Sitzung die Bildung eines ständigen Sekretariates beschlossen, mit Sitz an der Eidgenössischen Anstalt für Wasserversorgung, Abwasserreinigung und Gewässerschutz an der ETH (EAWAG), Physikstrasse 5, Zürich 7/44.

An der dritten Tagung der Delegierten, die am 20. und 21.Mai 1954 in Den Haag stattfand, wurde der Entwurf des ersten Untersuchungsberichtes (Juni bis Dezember 1953) diskutiert, worauf in der vierten Sitzung, die vom 14. bis 17.September 1955 in Straßburg abgehalten wurde, der Gesamtbericht der ersten Untersuchungsserie (Juni 1953 bis Juni 1954) einstimmig genehmigt und dessen Veröffentlichung beschlossen wurde.

Die Kommission ist der Auffassung, daß der vorliegende Untersuchungsbericht ein, wenn auch noch nicht vollständiges, so doch vorläufig genügendes Bild über den physikalisch-chemischen Zustand des Rheinwassers im Untersuchungsjahr zu vermitteln vermag. Indessen wurden die Analysen nach einem etwas abgeänderten Programm auf der gesamten Stromstrecke von Stein am Rhein bis nach Holland fortgesetzt und es wurde beschlossen, sie zunächst bis Mitte des Jahres 1956 weiterzuführen. Diese neueren Untersuchungen sollen ein Bild vermitteln über den von Jahr zu Jahr wechselnden Zustand des Rheinwassers; durch sie soll überdies die Weiterentwicklung der Verhältnisse im Rhein festgestellt werden.

Die im vorliegenden Untersuchungsbericht niedergelegten Tatsachen beziehen sich also lediglich auf das Untersuchungsjahr 1953/54. In späteren Berichten sollen die Ergebnisse der weiteren Arbeiten mitgeteilt werden.

Zurzeit setzt sich die Kommission aus folgenden Delegierten zusammen:

Deutschland: Dr. P. NIEHUSS, Ministerialdirigent, Bundesverkehrsministerium, Bonn, Chef der Delegation.
W. KUMPF, Ministerialrat, Bundeswirtschaftsministerium, Bonn.

Frankreich: P. REUFFLET, Ingénieur général des Mines, Paris, Chef der Delegation.
R. GRAFF, Ingénieur en chef des Ponts et Chaussées, Strasbourg.

Luxemburg:	G. Rischard, Directeur des Eaux et Forêts, Luxembourg, Chef der Delegation.
	A. Eichhorn, Inspecteur des Eaux et Forêts, Luxembourg.
Niederlande:	G. B. R. de Graaff, Chefingenieur, Direktor des Rijkswaterstaat, 's-Gravenhage, Chef der Delegation.
	J. J. Hopmans, Chefingenieur A beim Reichsinstitut für Abwasserreinigung, 's-Gravenhage.
Schweiz:	Prof. Dr. O. Jaag, Direktor der Eidg. Anstalt für Wasserversorgung, Abwasserreinigung und Gewässerschutz an der Eidg. Technischen Hochschule, Zürich, Chef der Delegation.
	Ing. F. Baldinger, Vorsteher des Gewässerschutzamtes des Kantons Aargau, Aarau.

Bereits haben sich die Delegierten und Experten eingehend mit den notwendigen und möglichen Sanierungsmaßnahmen des Rheinstromes befaßt. Über die Erfolge dieser Anstrengungen soll in einer späteren Veröffentlichung berichtet werden.

Zürich, den 19. September 1955.

Der Präsident:

O. Jaag

Mitglieder der Experten-Kommission

Präsident:	Prof. Dr. O. Jaag, Zürich
	Dr. F. Zehender, Chef des chemischen Laboratoriums der EAWAG, Zürich
	Dr. K. Wuhrmann, Chef der biologischen Abteilung der EAWAG, Zürich
	Dr. L. Coin, Ingénieur Divisionnaire, Chef du Service du Contrôle des Eaux de la Ville de Paris, Membre du Conseil Supérieur d'Hygiène Publique de France, Paris
	P. Vivier, Conservateur des Eaux et Forêts, Chef de la Station d'Etudes Piscicoles du Ministère de l'Agriculture, Paris
	Prof. Dr.-Ing. Dr.-Ing. E. h. G. Schroeder, Ministerialdirigent a. D., Koblenz
	Prof. Dr. phil. P. Sander, Oberregierungsrat in der Bundesanstalt für Gewässerkunde, Koblenz
	Ir. J. J. Hopmans, Chefingenieur A beim Reichsinstitut für Abwasserreinigung, 's-Gravenhage
	Drs. B. M. Hoeks, Hydrobiologe beim Reichsinstitut für Abwasserreinigung, 's-Gravenhage

Untersuchungslaboratorien

Schweiz:	Eidg. Anstalt für Wasserversorgung, Abwasserreinigung und Gewässerschutz an der ETH, *Zürich.*
Frankreich:	Laboratoire départemental de bactériologie, *Strasbourg.*
Deutschland:	Bundesanstalt für Gewässerkunde, *Koblenz.*
Niederlande:	Reichsinstitut für Abwasserreinigung, *'s-Gravenhage.*

Tagungen der Experten-Kommission

1. in *Zürich:*	22. und 23. April 1952 (Vorsitz: Dr. Corti). Generelle Besprechung des Arbeitsprogrammes.
2. in *Schaffhausen:*	20. Mai 1953 (Vorsitz: Prof. Dr. O. Jaag). Detaillierte Besprechung des Arbeitsprogrammes sowie der Analysenmethoden.
3. in *Paris:*	15. und 16. Dezember 1953 (Vorsitz: Prof. Jaag). Besprechung der Ergebnisse des 1. Halbjahres.
4. in *'s-Gravenhage:*	17., 18. und 19. Mai 1954 (Vorsitz: Prof. Jaag). Besprechung des vorläufigen Berichtes vom 3. Mai 1954.
5. in *Koblenz:*	21. und 22. April 1955 (Vorsitz: Prof. Jaag). Besprechung des Berichtsentwurfes vom 31. März 1955 über die Untersuchungsergebnisse Juni 1953 bis Juni 1954.

I. EINLEITUNG

Die internationale Kommission zum Schutze des Rheins gegen Verunreinigung (Delegierten-Kommission) setzte mit Beschluß vom 11.Juli 1950 eine Subkommission von Fachexperten (Experten-Kommission) ein, welcher die Aufgabe übertragen wurde, Erhebungen über den gegenwärtigen Verschmutzungszustand des Rheins durchzuführen. Durch solche Untersuchungen sollten zu Handen der Delegierten-Kommission zuverlässige, d. h. nach einheitlichen Gesichtspunkten, mit einheitlichen Analysenmethoden und gleichzeitig gewonnene Meßresultate beschafft werden, als Grundlage für die Diskussion der praktischen Maßnahmen, die zur qualitativen Verbesserung des Rheinwassers ins Auge gefaßt und zur Ausführung den Rhein-Anliegerstaaten vorgeschlagen werden könnten. Im vorliegenden Bericht sind die Ergebnisse der physikalisch-chemischen Untersuchungen des Rheinwassers, erste Serie Juni 1953 bis Juni 1954 zusammengestellt.

II. UNTERSUCHUNGSPROGRAMM

In ihrer ersten Sitzung, die am 22./23.April 1952 in Zürich stattfand, prüfte die Experten-Kommission das für die Ausführung dieses Auftrages zweckmäßigste Vorgehen und kam dabei zum Schluß, es sei zunächst ein orientierender Überblick zu gewinnen, indem an geeigneten Stellen auf der Rheinstrecke vom Untersee bis nach Holland das Rheinwasser an Hand einer kleinen Zahl von Kriterien hinsichtlich seines physikalisch-chemischen Zustandes untersucht werden solle.

Die Kommission einigte sich auf die *Bestimmung folgender Werte:*

Bestimmung von	Analysenmethode	Zahl der Bestimmungen
1. pH-Wert	elektrometrisch mit Glaselektrode,	1
2. Sauerstoffgehalt	nach WINKLER	2
3. Biochemischer Sauerstoffbedarf (5 Tage bei 20° C) «Bsb₅»	in der Regel ohne Verdünnung angesetzt, O_2-Gehalt nach WINKLER	3
4. Ammonium-Ion	nach NESSLER	2
5. Nitrat-Ion	nach GRANDVAL und LAJOUX	2
6. Chlorid-Ion	nach MOHR	2
7. Phenol	nach ETTINGER, RUCHHOFT und LISHKA (mit 4-Aminoantipyrin, Konservierung mit NaOH)	2

Zwecks Ermittlung des Sauerstoff-Sättigungsindexes wurde für jede Probenahme die Feststellung der Wasser- sowie der Lufttemperatur (in ° C) und des Barometerstandes (an der Station abgelesen, auf 0° C reduziert in mm Hg) vorgeschrieben. Die Abflußmenge (in m^3/sec) wurde aus den Pegelständen der der Untersuchungsstelle zunächst gelegenen Station errechnet. Im übrigen wurden Beobachtungen über die Witterungsverhältnisse (Niederschläge, Windrichtung und Windstärke, Bedeckung des Himmels) notiert.

Die auf diese Weise gewonnenen Analysenwerte sollten ein Bild vermitteln von der Grösse der Belastung des Rheins durch häusliche Abwässer sowie solche aus Gewerbe, Industrie, Bergbau usw.

Als *Probenahmestellen* wurden festgelegt:

Station	Rhein-km (unterhalb Brücke von Konstanz)	Höhe über Meer* m	Ausführung der Untersuchung durch
1. *Eschenz* (Ausfluß des Rheins aus dem Untersee)	22	395	Schweiz
2. *Kembs* (unterhalb des Kraftwerkes)	183	229	Schweiz
3. *Lauterbourg* (oberhalb der französisch-deutschen Grenze)	350	106	Frankreich
4. *Braubach* (oberhalb der Mündung von Lahn und Mosel)	581	63	Deutschland
5. *Rees* (oberhalb der deutsch-holländischen Grenze)	837	14	Deutschland
6. *Lobith* (unterhalb der deutsch-holländischen Grenze)	862	11	Niederlande

*Höhen über «NN» (deutscher offizieller Nullpunkt)

Entsprechend einem früheren Beschlusse der Experten-Kommission wurden die Analysen, welche die holländische Delegation an weiteren 3 Stellen des Niederrheins ausführte, ebenfalls in diesen Bericht aufgenommen. Diese Probenahmestellen sind:

7. *Gorinchem* (Waal)

8. *Vreeswijk* (Lek)

9. *Kampen* (IJssel)

Im übrigen stand es den Delegationen der einzelnen Staaten frei, nach Belieben ihre Untersuchungen auf weitere Stellen auszudehnen und neben den festgelegten Punkten noch weitere Kriterien in ihr Arbeitsprogramm einzuschließen.

Es wurde von Anfang an darauf verzichtet, korrespondierende Proben zu erheben, weil bei der wechselnden Wasserführung des Rheins die Berücksichtigung der Fließzeiten von einer Probenahmestelle zur andern für die Organisation der Untersuchung beinahe unüberwindliche Schwierigkeiten verursacht hätte. Die Experten vertraten vielmehr die Auffassung, daß zufällig erhobene Proben, die in größerer Zahl über einen längeren Zeitraum regelmäßig verteilt werden, eine hinreichende Grundlage zur zahlenmäßigen Erfassung des Verschmutzungszustandes des Rheins darstellen.

Die Probenahmestellen wurden so gewählt, daß an ihnen das Wasser des Rheins mit demjenigen der oberhalb einmündenden Zuflüsse und Abwässer so vollständig als möglich vermischt war.

Um aber über die Mischungsverhältnisse ein genaues Bild zu erlangen, wurden von Anfang an an sämtlichen ausgewählten Stellen je vier über das Querprofil verteilte Wasserproben gefaßt, nämlich

1. in der Flußmitte	a) 0,5 m unter Wasserspiegel
	b) 1,0 m über Grund
2. auf der linken Flußseite	jeweils in einer Entfernung vom Ufer, die einem Fünftel der halben
3. auf der rechten Flußseite	Flußbreite entsprach, je 0,5 m unter Wasserspiegel

Diese vier Proben wurden sowohl vormittags als auch nachmittags erhoben.

Über die geographischen Verhältnisse des Einzugsgebietes des Rheins sowie über die Lage der Probenahmestellen orientiert die Kartenskizze Fig. 1 [1]. Über die Abflußmengen, die Einzugsgebiete und die Höhenlagen des Rheins von Konstanz bis Lobith gibt die graphische Darstellung Fig. 2 [2] Auskunft.

Die Methoden der Wasseranalysen

Bei der Durchführung einer derart umfangreichen und weite Kreise interessierenden Untersuchung, wie sie geplant war, mußte von Anfang an mit allem Nachdruck angestrebt werden, daß auf der ganzen Untersuchungsstrecke nicht nur mit einwandfreien, sondern auch so weitgehend als möglich mit einheitlichen Analysenmethoden gearbeitet werde. Es galt ja, Werte zu erhalten, die untereinander verglichen und zu einem einheitlichen Bild über den Verschmutzungszustand des Rheins verarbeitet werden könnten. Daß es aber eine keineswegs leichte Sache sei, unter vier Laboratorien verschiedener Staaten eine solche Einheitlichkeit zu erzielen, erwiesen die großen Anstrengungen, die nötig waren, um wenigstens angenähert zu diesem Ziele zu gelangen:

Nachdem in ihrer ersten Sitzung die Prinzipien der anzuwendenden Analysenmethoden festgelegt worden waren, diskutierte die Experten-Kommission

---

[1] Unter teilweiser Abänderung übernommen aus: «Der Rhein», Ausbau, Verkehr, Verwaltung, herausgegeben von der Wasser- und Schiffahrtsdirektion Duisburg im Auftrage des Bundesministers für Verkehr, 1951.

[2] Diagramme I (Abflußmengen) und II (Einzugsgebiete) aus F. Lippert: «Gedenkschrift der Bundesanstalt für Gewässerkunde – zur 50jährigen Wiederkehr der Gründung der Preussischen Landesanstalt für Gewässerkunde», Seite 113.

anläßlich ihrer zweiten Sitzung am 20. Mai 1953 in Schaffhausen die von den Experten der verschiedenen Länder eingereichten Vorschläge.

An dieser Besprechung einigte man sich auf bestimmte Analysenverfahren, verzichtete aber auf die vollständige Einheitlichkeit in den Details der Ausführung, entsprechend den unterschiedlichen apparativen Einrichtungen und den routinemäßigen Gewohnheiten in den verschiedenen, an der Untersuchung beteiligten Laboratorien. Insbesondere wurden die verschiedenen Fachleute beauftragt, auf Grund der erforderlichen Versuche die Eichkurven aufzustellen und die Größe von Blindwerten zu ermitteln.

pH-Wert

Bestimmung im Laboratorium bei Zimmertemperatur (18 bis 20° C), elektrometrisch, auf $^1/_{10}$ pH-Einheit genau.

Sauerstoff

Der Sauerstoffgehalt wurde nach WINKLER bestimmt (Z. anal. Ch. *53*. 665 [1914]). Die Ergebnisse wurden in mg/l O_2 auf Zehntelsmilligramme genau angegeben.

Bei der Berechnung der *Sauerstoff-Sättigungskonzentration* folgten wir H. SCHMASSMANN, der die Tabelle von Fox für trockene Gase verwendet (schweizerische Zeitschrift für Hydrologie, *11*.430 [1949]). Der gewählten Berechnungsart liegen folgende Überlegungen zugrunde: Wegen der bestehenden Streuung der nach WINKLER bestimmten Sauerstoffgehalte kann die Wasserdampftension vernachläßigt werden und auch der im Zeitpunkt der Probenahme herrschende Barometerstand muß nicht berücksichtigt werden. Die Sättigungskonzentration des Sauerstoffes in Wasser läßt sich hinreichend genau berechnen, wenn das jährliche Mittel des Barometerstandes der Ortshöhen der Probenahmestellen in Rechnung gestellt wird. Bei sehr geringen Ortshöhen, d. h. weniger als 100 m über Meer, kann der Korrekturfaktor (f) für den Barometerstand $= 1$ gesetzt werden.

In Tabelle 3 sind folgende Größen angegeben:

Kol. 1: das Tagesmittel des aktuellen Sauerstoffgehaltes in mg/l O_2,

Kol. 2: die Sauerstoffmenge im abfließenden Wasser in kg/sec O_2,

Kol. 3: die Wassertemperatur,

Kol. 4: die Sättigungskonzentration, berechnet nach H. SCHMASSMANN,

Kol. 5: die Differenz zwischen Sauerstoffsättigungskonzentration und aktueller Konzentration in mg/l O_2, (positive Werte $=$ Übersättigung, negative Werte $=$ Defizit),

Kol. 6: Sauerstoff-Sättigungsindex in Prozenten.

Biochemischer Sauerstoffbedarf

Je nach dem Verunreinigungsgrad des zu untersuchenden Wassers wurde der Bsb_5 direkt oder nach der Verdünnungsmethode angesetzt, wobei nötigenfalls die Proben vorher belüftet wurden. Die Resultate wurden in mg/l O_2 auf Zehntelsmilligramme genau angegeben.

Ammonium-Ion

Bestimmung nach der NESSLER'schen Methode. Die Untersuchung der Proben erfolgte im Laboratorium in der Regel ohne vorherige Destillation. Es wurde nach Möglichkeit mit einem Photometer gearbeitet. Anfänglich strebten wir an, die Resultate auf Hundertstelsmilligramme genau anzugeben. Doch hat sich im Laufe der Untersuchungen gezeigt, daß die zweite Stelle nach dem Komma nicht mehr mit Sicherheit angegeben werden kann. Von den schweizerischen Experten wurde darauf hingewiesen, daß bei sehr niedrigem Ammoniumgehalt (kleiner als 0,1 mg/l NH_4^+) nach Zugabe von NESSLERS Reagens unspezifische, nicht auf dem NH_4^+-Ion beruhende Färbungen auftreten. Auch die französischen Experten äußerten die Ansicht, daß Werte unter 0,1 mg/l NH_4^+ nicht mehr mit Sicherheit angegeben werden können. Überdies hat die Überprüfung der Methoden ergeben, daß nicht alle Präparate des NESSLER-Reagens die gleiche Empfindlichkeit auf Ammonium-Ionen aufweisen. Mit unempfindlichen Präparaten läßt sich ein Gehalt von 0,1 mg/l eben noch erfassen. Aus diesen Gründen wurden bei der Auswertung der Ergebnisse nur noch Werte von 0,1 mg/l NH_4^+ an verwendet.

Nitrat-Ion

Bestimmung nach GRANDVAL und LAJOUX, unter Verwendung von Phenolsulfosäure (Z. anal. Chemie *85*.244 [1931]). Die Resultate wurden in mg/l NO_3^- auf Zehntelsmilligramme genau angegeben.

Chlorid-Ion

Die Bestimmung erfolgte nach MOHR. Ein vorausbestimmter Blindwert wurde vom erhaltenen Analysenwert abgezogen. Der Chloridgehalt wurde in mg/l Cl^- auf Milligramme genau angegeben.

Phenol

Anläßlich der Sitzung vom 20. Mai 1953 in Schaffhausen hatte die Experten-Kommission beschlossen, die Phenolbestimmung mittels 4-Aminoantipyrin und Ferricyankalium, z. B. nach den Angaben von ETTINGER, RUCHHOFT und LISHKA (Analytical Chemistry *23*.1783 [1951]) auszuführen. In den mit Natronlauge konservierten Proben (pH mindestens 11) wurde das Phenol direkt, d. h. ohne vorherige Destillation bestimmt. Der entstandene Farbstoff sollte nicht mit einem organischen Lösungsmittel extrahiert werden. Wo es sich als notwendig erwies, wurden die Ergebnisse in Tausendstelsmilligrammen angegeben (Braubach, Rees und Lobith).

An der Sitzung vom 15./16. Dezember 1953 in Paris wurde diese Vorschrift jedoch wie folgt modifiziert:

Die mit Natronlauge konservierten Proben sind mit 4-Aminoantipyrin und Ferricyankalium zu behandeln und hierauf mit Chloroform zu extrahieren.

Gleichzeitig wird auf das Zehnfache des ursprünglichen Volumens konzentriert. Als Vergleichslösung dient reines Phenol (Oxybenzol). Die Ergebnisse werden auf Hundertstelsmilligramme genau angegeben. Diese Modifikation der Methode kam von Ende Februar 1954 an in allen Laboratorien zur Anwendung. Im vorliegenden Bericht sind nur die seit diesem Zeitpunkt erhaltenen Ergebnisse verwertet.

III. DARSTELLUNG UND AUSWERTUNG DER UNTERSUCHUNGSERGEBNISSE

Im Vordergrund des Interesses stand neben der Feststellung des allgemeinen Verschmutzungsgrades des Rheins die Änderung desselben von Strecke zu Strecke seines Laufes. Es galt deshalb, die an den verschiedenen Aufnahmepunkten festgestellten Werte untereinander zu vergleichen und den Zustand des Stromes an Hand der physikalisch-chemischen Befunde im Längsprofil zu erfassen.

Die festgestellten Analysenwerte finden sich in Tabellen und graphischen Darstellungen zusammengefaßt, und zwar enthält Tabelle 1 die Abflußmengen des Rheins an den Probenahmetagen für die sechs festgelegten Untersuchungsstellen,

Tabelle 2: die pH-Werte,
Tabelle 3: die O_2-Gehalte und Sättigungsindices,
Tabelle 4: den biochemischen Sauerstoffbedarf (Bsb_5),
Tabelle 5: die Gehalte an NH_4^+-Ionen,
Tabelle 6: die Gehalte an NO_3^--Ionen,
Tabelle 7: die Gehalte an Cl^--Ionen,
Tabelle 8: die Gehalte an Phenolen.

In diesen Tabellen sind die Tagesmittelwerte sowie die entsprechenden Abflußmengen in kg/sec eingetragen.

Bei der Auswertung der Zahlenwerte und bei der Zusammenstellung der Tabellen waren folgende Grundsätze wegleitend:

Die Ermittlung der aus den Einzelbestimmungen errechneten *Durchschnittswerte* erfolgte mit einer möglichst großen, jedoch den vorliegenden Unterlagen angemessenen Genauigkeit.

Beispielsweise wurde bei der Berechnung der Chloridwerte folgendermaßen vorgegangen: Aus den in der Regel acht Einzelwerten des Vormittags, bzw. des Nachmittags, welche meist auf ganze Milligramme genau angegeben waren, wurden jeweils die Vormittags- bzw. Nachmittagsmittelwerte auf Zehntelsmilligramme genau berechnet. Bei den Tagesmittelwerten wurden die Hundertstelsmilligramme berechnet, doch haben wir das Ergebnis in der zweiten Stelle nach dem Komma auf 0 bzw. 5 auf- oder abgerundet. Lagen jedoch nur zwei Einzelwerte vor, so wurde das Mittel auf ganze oder halbe Milligramme genau berechnet.

In den Tabellen 1–8, 10 a–g sind die *Konzentrationen* (mg/l) und die *Abfluß-mengen* (m³/sec) mit der für den betreffenden Fall größtmöglichen Genauigkeit eingetragen. Diese Werte lassen sich somit als Ausgangsbasis für beliebige Be-rechnungen verwenden.

Dagegen wurden die im Rhein *transportierten Stoffmengen* (kg/sec) bei sämtlichen Stationen *einheitlich* auf- oder abgerundet, was jedoch zum Teil auf Kosten der Präzision der Werte geschehen mußte. Diese Zahlen können deshalb nicht als Ausgangspunkt für weitere Berechnungen verwendet werden. So wurden z. B. sämtliche Werte für das im Rhein transportierte Chlorid auf 0,1 kg/sec Cl^- ge-nau angegeben (Eschenz 0,4 kg/sec bzw. Lobith 222,1 kg/sec).

1. Vergleich der Werte in den Querprofilen sowie der vormittags und nachmittags erhobenen Proben.

In Tabelle 9 sind die Jahresmittel bei folgender Gruppierung der Werte zusammengestellt:

Proben der linken bzw. rechten Stromseite,
an der Oberfläche und über dem Grund gefaßte Proben,
Vormittags- bzw. Nachmittagswerte,
Tagesmittelwerte.

Dabei mußte aber darauf geachtet werden, daß die Durchschnittswerte der einzelnen Gruppen einer bestimmten Station auf Grund von gleich viel Einzel-werten errechnet wurden. Nur so war es möglich, vergleichbare Mittelwerte zu erhalten.

Aus dieser Tabelle geht hervor:

a) Im *Sauerstoffgehalt* sind die Einzelwerte sowohl wie die Jahresdurch-schnittswerte bei *Rees* und *Lobith* auf der rechten Stromseite etwas niedriger als auf der linken Seite, dagegen können an den übrigen Stationen die festgestellten Unterschiede als nicht signifikant bezeichnet werden. Nicht signifikant sind ferner die Unterschiede in den Analysenwerten der Vormittags- im Vergleich zu den Nachmittagsproben, sowie der an der Wasseroberfläche bzw. über dem Stromgrund gefassten Proben.

b) *Bsb₅:* An den Stationen *Braubach*, *Rees*, und *Lobith* war eine geringe Mehr-heit der Einzelwerte sowie das Jahresmittel der in den tieferen Wasserschichten erhobenen Proben gegenüber denjenigen der Oberfläche mehr oder weniger deutlich erhöht. Während in *Rees* auf Grund einer geringen Mehrheit der Ein-zelwerte und des Jahresmittels die rechte Seite als leicht stärker verschmutzt bezeichnet werden kann als die linke, besteht in *Lobith* kein solcher Unter-schied.

c) *Ammonium:* In *Rees* und *Lobith* war der Ammoniumgehalt auf der rechten Seite des Rheins in beinahe allen Einzelwerten wie auch beim Jahresdurch-schnitt erhöht.

2

d) *Nitrat:* Beim Nitrat bestehen nur geringfügige Differenzen zwischen den einzelnen Punkten des Querprofils. Bei Betrachtung der Einzelwerte erkennt man überdies, daß die Unterschiede nicht signifikant sind.

e) *Chlorid:* In *Lauterbourg* fiel der Jahresdurchschnitt der Vormittagswerte erheblich niedriger aus als derjenige der Nachmittagswerte. Bei näherer Betrachtung der Einzelwerte erkennt man jedoch, daß diese Differenz nur an einigen wenigen Tagen bestand, wie dies aus nachstehender Tabelle hervorgeht, auf welcher nur die sich deutlich unterscheidenden Zahlenwerte eingetragen sind.

Chloridgehalt in Lauterbourg mg/l Cl⁻

Nr.	Datum	Wochentag	vormittags	nachmittags
1	16. 6. 53	Dienstag	13,8	35,9
11	17. 11. 53	,,	47,2	81,5
12	1. 12. 53	,,	51,2	101,0
13	22. 12. 53	,,	64,5	98.0
Jahresmittel			83,5	91,0

In *Rees* und *Lobith* waren die Chloridgehalte auf der rechten Flußseite durchwegs, d. h. bei allen Einzelwerten sowie beim Jahresmittel erheblich höher als auf der linken Seite.

f) *Phenol:* In *Rees* und *Lobith* fielen die Mittelwerte von 8 Probenahmen der rechten Flußseite deutlich höher aus als diejenigen der linken. Bei den Einzelwerten waren diese Unterschiede mehrheitlich feststellbar.

2. Der physikalisch-chemische Zustand des Rheins im Längsprofil.

Wie im vorhergehenden Abschnitt gezeigt wurde, bestehen nur selten systematische Unterschiede zwischen den vormittags und nachmittags erhobenen Proben. Aus diesem Grunde werden im folgenden nur noch die Tagesmittelwerte verwendet.

Für die Beurteilung des Zustandes des Rheins sind nicht nur die gemessenen Konzentrationen der Schmutzstoffe, sondern auch die zur Zeit der Probenahme abfliessenden Stoffmengen von Bedeutung. Deshalb wurde jeweils aus dem *Gehalt* eines Stoffes (mg/l) unter Berücksichtigung der Wasserführung des Rheins die abfliessende *Stoffmenge* (kg/sec) berechnet. Diese Zahl gibt uns Auskunft über die *effektive Belastung* des Stromes mit Schmutzstoffen.

Die in den Tabellen 1, 3–8 zusammengestellten Tagesmittelwerte haben wir folgendermaßen graphisch ausgewertet:

Figuren 3–5: Chronologische, zweidimensionale Darstellung.

Die einzelnen Tagesmittelwerte werden nach Stationen gruppiert und in der Reihenfolge der Probenahmedaten aufgetragen (mg/l und kg/sec).

Figuren 6–11: Chronologische, dreidimensionale Darstellung.

Die einzelnen Tagesmittelwerte werden in einem dreidimensionalen Koordinatensystem in der Rheihenfolge der Stationen bzw. der Probenahmedaten aufgetragen (mg/l, kg/sec).

Figuren 12–20: Statistische Darstellung der einzelnen Tagesmittelwerte und des Jahresmittels.

Die Resultate werden unabhängig vom Zeitpunkt der Probenahme nach Stationen gruppiert und in ein zweidimensionales Koordinatensystem eingezeichnet (mg/l und kg/sec).

Figuren 21 und 22: Häufigkeitsverteilung, d. h. Gliederung der Werte nach der Schmutzstoffbelastung.

Es wird angegeben, mit welcher prozentualen Häufigkeit verschiedene Grade der Verschmutzung an den einzelnen Stationen festgestellt wurden. Die Belastungsgrade werden in Klassen eingeordnet und graphisch dargestellt (kg/sec), wobei die Klassengröße sich nach den Verhältnissen an den einzelnen Stationen zu richten hatte.

Die *Figuren 3–5* geben einen Überblick über sämtliche Tagesmittelwerte in der Reihenfolge der Probenahmen sowie über die zwischen den Stationen bestehenden Unterschiede.

In den *Figuren 6–11* werden die einzelnen Tagesmittelwerte noch etwas übersichtlicher dargestellt, indem nicht nur die Werte gleicher Stationen nebeneinander zu liegen kommen, sondern auch die Ergebnisse der gleichen Probenahmeserie unmittelbar verglichen werden können. Doch läßt sich wegen der dreidimensionalen Darstellung der Eindruck der perspektivischen Verzerrung nicht völlig vermeiden. Da aber, wie wir bereits erwähnt haben, keine korrespondierenden Proben erhoben wurden, ist diese Darstellungsart streng genommen nicht zulässig, d. h. bei ihrer Verwendung muß man sich stets bewußt sein, daß hier Einzelwerte in bestimmter Weise gruppiert worden sind, obwohl kein unmittelbarer Zusammenhang zwischen den einzelnen Beobachtungen besteht. Immerhin darf darauf hingewiesen werden, daß eine gewisse Korrespondenz der Proben in den meisten Fällen vorliegt, da sich offenbar der Wechsel der Verhältnisse nur selten (z. B. bei plötzlich auftretendem Hochwasser) sprunghaft vollzieht. Die Verbindung der einzelnen Werte mit Strichen ist nur um der besseren Übersichtlichkeit willen erfolgt. Der exakte Kurvenverlauf ist uns indessen nicht bekannt.

Da keine Korrespondenz der Proben bestand, dagegen eine ausreichende Zahl von Beobachtungen vorlag, sind wir schließlich dazu übergegangen, die Werte gesamthaft, d. h. unabhängig vom Zeitpunkt der Probenahme, darzustellen (*Figuren 12–22*). Auf diese Weise wurde angestrebt, aus den vorliegenden Untersuchungsergebnissen den Verschmutzungsgrad des Rheins an bestimmten Stellen seines Laufes in allgemeingültiger, für das Jahr 1953/54 charakteristischer Form anzugeben. Während in den Figuren 12–20 noch die Tagesmittelwerte einzeln aufgetragen sind, ist in den Figuren 21 und 22 eine weitergehende Verallgemeinerung vorgenommen worden, indem anstatt der Aufzeichnung von Einzelwerten eine Gruppierung in Klassen gleichen Verunreinigungsgrades durchgeführt wurde. Je mehr Einzelergebnisse nämlich vorliegen, um so besser und differenzierter läßt sich der Grad der Verschmutzung des Rheins an den betreffenden Stationen angeben.

Diese letzte Art der Darstellung wird unsern Untersuchungsergebnissen wohl am besten gerecht, da sie, gestützt auf eine relativ große Zahl von Beobachtungen, anzugeben vermag, *mit welcher Häufigkeit im Jahre 1953/54 an einer der sechs Stationen eine bestimmte Schmutzstoffbelastung eingetreten ist.* Die uns zur Verfügung stehende Zahl der Beobachtungen ist vorläufig noch klein, so daß die gesuchte Beziehung nicht sehr deutlich zum Ausdruck kommt. Doch haben wir bei dieser Art der Auswertung unser Ziel, die zahlenmäßige Ermittlung des zur Zeit bestehenden Verschmutzungszustandes des Rheins in den einzelnen Stromabschnitten, prinzipiell erreicht.

IV. BESPRECHUNG DER ERGEBNISSE

Wie aus den Tabellen und graphischen Darstellungen mit aller Deutlichkeit hervorgeht, nimmt die Verunreinigung des Rheins durch verschiedene Abwasserstoffe (z. B. Salze, Stoffe organischer Natur aus häuslichen und industriellen Abwässern, phenolhaltige Kokereiabwässer) auf der Strecke Eschenz bis Lobith im allgemeinen zu.

pH-Werte

Wie aus Tabelle 2 hervorgeht, liegen sämtliche pH-Werte im Bereich von 7,2 bis 8,6. An den einzelnen Stationen lassen sich relativ geringfügige Unterschiede feststellen. Der pH-Wert des Rheinwassers sinkt von Eschenz bis Lobith stetig. In Eschenz liegen alle Werte über 8. In Kembs und Lauterbourg wurden vorwiegend pH-Werte zwischen 7,7 und 8,2 gemessen. Der pH-Wert des Rheinwassers an den drei untersten Stationen (Braubach, Rees und Lobith) lag vorwiegend zwischen 7,2 und 7,8.

Eine Interpretation dieser Zahlen ist nicht möglich, weil keine Bestimmungen der Carbonat- und Gesamthärten und der freien Kohlensäure durchgeführt wurden. Es kann lediglich festgestellt werden, daß keine für die Gesamtbeurteilung bedeutsamen pH-Änderungen des Rheinwassers, sei es nach der sauren oder der alkalischen Seite hin, bestehen.

Sauerstoffgehalt

Der Sauerstoffgehalt des Rheinwassers nimmt von Eschenz bis Lobith sukzessive ab. Das Jahresmittel des Sättigungsindexes beträgt in Eschenz 106% und sinkt bis Lobith bis auf 59%. Bei Eschenz und Kembs sind teils Übersättigungen, teils Defizite (Indices 88 bis 126%) festgestellt worden. Über das ganze Jahr bestehende Defizite wurden unterhalb Kembs beobachtet.

Aus diesen Beobachtungen kann der Schluß gezogen werden, daß bei der durch die vorhandene Verschmutzung bedingten Sauerstoffzehrung des Rheinwassers die Wiederbelüftung nicht genügt, um die Sauerstoffsättigungskonzentration auf der ganzen Rheinstrecke aufrechtzuerhalten. Die Experten sind der Auffassung, daß die Sauerstoffreserve im Flußwasser bei Lobith gelegentlich so niedrig ist, daß schädliche Auswirkungen eintreten können.

Biochemischer Sauerstoffbedarf

Der biochemische Sauerstoffbedarf des Rheinwassers steigt im allgemeinen von Eschenz bis Lobith an, wobei die größten Zunahmen am Niederrhein festgestellt werden. Die Werte sind in Eschenz noch niedrig (2,1 mg/l O_2 im Jahresdurchschnitt), nehmen in Kembs, Lauterbourg und Braubach merklich zu und erreichen in Lobith 6,8 mg/l O_2 im Jahresdurchschnitt. Als höchster Tagesmittelwert wurde in Lobith ein Bsb_5 von 9,8 mg/l O_2 gemessen. Der biochemische Sauerstoffbedarf des Abflusses in Eschenz berechnet sich zu 0,71 kg/sec O_2, in Lobith zu 9,41 kg/sec O_2. Im übrigen geht aus Tabelle 4 hervor, daß der Sauerstoffbedarf auf vier Teilstrecken zunimmt, während er auf der fünften, d. h. zwischen Kembs und Lauterbourg, gleich bleibt.

Über die Herkunft sowie über die Menge sämtlicher dem Rhein zugeführten organischen Stoffe sind wir nur unvollständig orientiert, weil wir keine diesbezüglichen Untersuchungen durchgeführt haben. Der aus häuslichem Abwasser stammende Bsb_5-Anteil läßt sich zu *8,7 bis 16,2 kg/sec O_2* berechnen, wenn pro Einwohner und Tag 50 bis 70 g O_2 angenommen werden und wenn die den Rhein belastenden Einwohner zu 15 bis 20 Millionen eingesetzt werden (vergleiche K. Imhoff, Gesundheitsingenieur, *68*. 108 (1947). Der Mittelwert der effektiv abfließenden Schmutzstoffmenge bei Lobith beträgt 9,41 kg/sec O_2. Diese Zahl liegt an der unteren Grenze des berechneten Bereichs, was wohl auf eine Bsb_5-Abnahme infolge der Selbsreinigung schließen läßt. Die dem Rhein zufließende Gesamtmenge von sauerstoffzehrenden Stoffen der häuslichen und industriellen Abwässer sowie einer z. B. bei Hochwasser auftretenden natürlichen Verunreinigung des Gewässers durch organische Stoffe ist uns nicht bekannt. Auch wissen wir nicht, in welchem Masse diese Stoffe wieder abgebaut werden, was erst bei Durchführung besonderer Versuche festgestellt werden könnte. Doch kann aus den vorliegenden Ergebnissen geschlossen werden, daß die Zunahme der Verunreinigung größer als der Abbau der schon vorhandenen Schmutzstoffe, d. h. größer als die Selbstreinigung ist.

Ammonium-Ion

Die Verunreinigung des Rheins durch Ammoniumsalze nimmt vom Untersee bis zur holländischen Grenze stark zu. Die Jahresmittelwerte der abfließenden Ammonium-Mengen steigen von 0,00 kg/sec NH_4^+ (Eschenz) bis 1,87 kg/sec NH_4^+ (Lobith). Von der in Holland ankommenden Menge wurden bis Braubach prozentuale Anteile von höchstens 17% festgestellt. Die übrigen 83% fließen dem Rhein unterhalb Braubach zu. Die Ammonium-Konzentrationen betragen bis Braubach höchstens 0,3 mg/l NH_4^+, wobei Eschenz und Lauterbourg Werte von 0,0 mg/l NH_4^+ aufweisen. Dagegen wurden in Rees und Lobith Gehalte von 1,1 bzw. 1,5 mg/l NH_4^+ festgestellt. Als höchsten Tagesmittelwert beobachteten wir in Lobith 3,2 mg/l NH_4^+.

Nitrat-Ion

Im allgemeinen wird im Rhein flußabwärts eine Zunahme der Nitratgehalte festgestellt. Die niedrigsten Werte wurden in Eschenz bestimmt (Jahresmittel der Konzentration: 1,5 mg/l NO_3^-, Jahresmittel der abfließenden Nitratmenge: 0,50 kg/sec NO_3^-). Die höchsten Werte wurden in Rees beobachtet (7,5 mg/l NO_3^- und 10,88 kg/sec NO_3^-). Höchster Einzelwert (Tagesmittel) in Rees 13,3 mg/l NO_3^-. Ein erheblicher Anstieg der Werte trat auf der Strecke von Lauterbourg bis Braubach einerseits sowie von Braubach bis Rees anderseits ein, während von Rees bis Lobith eine Abnahme der Konzentration und des Nitratabflusses festgestellt wurde. Wie sich bei einer systematischen Untersuchung gezeigt hat, kann diese Abnahme teilweise auf die Untersuchungsmethode zurückgeführt werden.

Über die Herkunft des Nitrats können wir nur wenig aussagen. Wie jeder unbelastete Fluß enthält auch der Rhein in seinem Wasser natürlicherweise eine gewisse Menge an Nitraten (vergleiche Werte in Eschenz). Auch erfolgt zweifellos eine Nitratzunahme in der fließenden Welle durch die Oxydation des aus Abwasserschmutzstoffen frei gewordenen Ammoniaks. Auch aus Industrieunternehmungen gelangen Nitrate in den Rhein.

Chlorid-Ion

Von Eschenz bis Lobith steigt der Chloridgehalt des Rheinwassers bzw. die im Rhein abfließende Chloridmenge stufenweise an, wobei ein erster größerer Anstieg zwischen Kembs und Lauterbourg und ein zweiter zwischen Braubach und Rees erfolgt. Die Jahresmittelwerte der einzelnen Abschnitte betragen:

Eschenz	– Kembs	2,9– 9,8 mg/l,	0,9– 7,9 kg/sec
Lauterbourg	– Braubach	82,6– 87,2 mg/l,	72,1– 88,0 kg/sec
Rees	– Lobith	143,1–162,6 mg/l,	196,7–204,7 kg/sec

Als höchster Chloridgehalt (Tagesmittel) wurde in Lobith 274,9 mg/l Cl^- gefunden, während ein Einzelwert am rechten Ufer 294 mg/l Cl^- betrug. Von dem bei Lobith vorbeifließenden Chlorid (Jahresmittel 205 kg/sec $Cl^- = 100\%$) werden dem Rhein zwischen Eschenz und Kembs . . . . . .   zirka 3%

zwischen Kembs und Lauterbourg . . . .   zirka 31%

zwischen Lauterbourg und Braubach . . .   zirka 8%

zwischen Braubach und Rees bzw. Lobith . zirka 53 bzw. 57%

zugeführt. Etwa 1% der Chloridmenge ist in Eschenz im Rheinwasser bereits vorhanden.

Über die hauptsächlichsten Gebiete, aus welchen das Chlorid dem Rhein zugeführt wird, sowie über die Art und die Menge der verschiedenen chloridhaltigen Abwässer haben wir folgende Anhaltspunkte:

Der Anteil des aus *häuslichen Abwässern* in den Rhein fließenden Chlorids kann mit zirka 20 bis 30 g Cl^- pro Einwohner und Tag angenommen werden (im Abwasser der Stadt Zürich mehrmals durch die EAWAG ermittelter Wert), während der aus den menschlichen Ausscheidungen (Harn) stammende Chloridanteil mit zirka 10 g Cl^- pro Einwohner und Tag angegeben wird (siehe E. LEHNARTZ: Einführung in die chemische Physiologie). Unter der Annahme, daß dem Rhein bis zur holländischen Grenze das Abwasser von zirka 15 bis 20 Millionen Menschen zugeführt wird, kommt man zum Schluß, daß von der in Lobith ermittelten Chloridmenge höchstens 7 kg/sec Cl^- (= zirka 3,5%) aus häuslichem Abwasser stammt. Dieses gelangt im gesamten Einzugsgebiete des Rheins aus allen größeren Wohnsiedlungen in das untersuchte Gewässer, wobei sich die am stärksten bewohnten Gebiete im untern Teil des Stromes befinden.

Die übrigen Anteile, welche somit stark überwiegen, setzen sich einerseits aus den natürlicherweise im Wasser des Rheins oder seiner Nebenflüsse enthaltenen Chloriden, anderseits aus den aus der Industrie stammenden chloridhaltigen Abwässern zusammen.

Beim natürlicherweise im Rhein abfließenden Chlorid unterscheiden wir zwischen den mehr oder weniger in allen Oberflächenwässern in geringer Menge enthaltenen Chlorionen und den aus besonderen Gebieten, die salzhaltige geologische Schichten aufweisen, stammenden chloridhaltigen Oberflächenwässern (Mosel und Lippe). Der natürliche Chloridgehalt des Hochrheins wurde von uns z. B. in Eschenz zu zirka 3 mg/l bestimmt. Nach Untersuchungen der Regionalplanungsgruppe Nordwestschweiz, Bericht Nr. 2 („Wasser- und Energiewirtschaft", Nr. 4, 1954, Zürich), beträgt der Chloridgehalt der Aare bei der Mündung in den Rhein höchstens 3 mg/l Cl^-. Nach Angaben von F. LIPPERT (loc. cit.) soll das Wasser der Lippe eine starke natürliche Versalzung aufweisen, wie dies bekanntlich auch beim Wasser der Mosel der Fall ist. Da sowohl im Moselgebiet als auch im Lippegebiet neben natürlichen salzhaltigen Abflüssen industrielle, Salze enthaltende Abwässer aus Kohlengruben abgeleitet werden, und weil keine diesbezüglichen Untersuchungen vorliegen, können wir über das Mengenverhältnis dieser Chloridanteile vorläufig keine Aussagen machen. Gestützt auf die Untersuchungen der Bundesanstalt für Gewässerkunde, Koblenz, herausgegeben am 16. August 1954, über den Chloridgehalt der Mosel bei Koblenz im Abflußjahr 1953 läßt sich berechnen, daß von der Mosel im Jahresmittel rund 27 kg/sec Cl^- dem Rhein zugeführt werden.

Das sind rund 13% der bei Lobith vorbeifließenden Chloridmenge (Jahresmittel 1953/54). In der Mosel fließen an einzelnen Tagen noch wesentlich größere Chloridmengen ab (bis 150 kg/sec Cl^-), was auf die besondere Bedeutung dieses Nebenflusses für die Versalzung des Rheins hinweist. Der von uns beobachtete Zuwachs an Chlorid zwischen Kembs und Lauterbourg muß wohl vorwiegend auf die Abgänge der Kaliindustrie zurückgeführt werden. Das Mengenverhältnis des aus dem Elsaß stammenden Teils zum badischen Teil (Buggingen) ist uns vorläufig nicht bekannt.

Zusammenfassend kann somit über die Chloridverhältnisse im Rhein auf Grund unserer *vorläufigen* Auswertung folgende Bilanz (Jahresmittel 1953/54) aufgestellt werden:

Chloridabfluß

bis Kembs	(natürliches und vorwiegend aus häuslichen Abwässern stammendes Chlorid)	zirka	4%
bis Lauterbourg	(aus häuslichen Abwässern und vorwiegend aus Kaliminen stammendes Chlorid)	zirka	31%
bis Braubach	(aus häuslichen und industriellen Abwässern stammendes Chlorid)	zirka	8%
Zufluß aus der Mosel	(natürliches sowie aus häuslichen und industriellen Abwässern stammendes Chlorid)	zirka	13%
bis Lobith	(ohne Moselanteil; natürliches Chlorid aus der Lippe sowie aus häuslichen und industriellen Abwässern stammendes Chlorid)	zirka	44%
		Total	100%

Phenol

Wie in Kapitel II bereits erwähnt wurde, können mit Bezug auf den Phenolgehalt nur die Ergebnisse des Zeitraumes Februar bis Juni 1954 verwertet werden. Es liegen im ganzen pro Probenahmestelle je acht Tagesmittelwerte vor. Im Rhein können deutlich zwei Abschnitte unterschieden werden. Von Eschenz bis Lauterbourg wurde kein oder äußerst wenig Phenol nachgewiesen. Dagegen sind auf der Strecke Braubach bis Lobith stets meßbare Phenolgehalte festgestellt worden. An den drei untersten Stationen betragen die durchschnittlichen Phenolkonzentrationen 0,038 bzw. 0,046 bzw. 0,033 mg/l Phenol. Die entsprechenden abfließenden Phenolmengen sind 0,040 bzw. 0,064 bzw. 0,042 kg/sec. Da einstweilen wenig Untersuchungsergebnisse zur Verfügung stehen, sehen wir davon ab, aus diesen Werten Schlußfolgerungen zu ziehen. Es steht jedoch fest, daß im Mittel- und Niederrhein, d. h. von Braubach bis Lobith, stets meßbare Gehalte an Phenol im Rheinwasser enthalten sind. Die größten Werte weist Rees auf.

V. DIE AN DEN HOLLÄNDISCHEN STATIONEN ERHALTENEN UNTERSUCHUNGSERGEBNISSE

Die von den Experten der Niederlande an den Stationen Gorinchem, Vreeswijk und Kampen ermittelten Analysenwerte, welche über den Zustand des Wassers in den drei Teilströmen Waal, Lek und IJssel des Rheindeltas Auskunft geben, wurden einer besonderen Prüfung unterzogen. Dabei war insbesondere zu untersuchen, welche Veränderungen das Rheinwasser auf holländischem Gebiet unterhalb von Lobith erfährt.

Die Ergebnisse wurden so ausgewertet, daß die *Konzentrationen* einerseits und die pro Sekunde an der betreffenden Station im Rhein vorbeifließende *Menge einer Substanz* anderseits einander gegenübergestellt wurden. Die im Rheinwasser bei Gorinchem, Vreeswijk und Kampen festgestellten Gehalte konnten mit denjenigen von Lobith unmittelbar verglichen werden. Zur Beurteilung der Stoffmengen mußte dagegen jeweils die Summe der für die drei an den Rheinarmen liegenden Stationen gebildet werden, welcher Wert dann mit demjenigen von Lobith in Beziehung gebracht werden konnte.

Diese Auswertungsart, in der hauptsächlich die Jahresmittelwerte verglichen wurden, ist auf der vereinfachenden Annahme gegründet, daß an der Stelle, wo sich der Rhein in die drei Ströme Waal, Lek und IJssel teilt, über das ganze Querprofil eine gleichmäßige Wasserzusammensetzung bestehe. Wir nehmen deshalb die bis Lobith ermittelten Tagesmittelwerte als Vergleichsbasis für unsere Gegenüberstellungen.

Da die Probenahmen an allen vier holländischen Stationen jeweils am gleichen Tage vorgenommen wurden und somit keine Korrespondenz zwischen den Proben besteht, verzichteten wir von vorneherein auf eine exakte quantitative Auswertung der Ergebnisse und beschränkten uns auf die Erfassung der hauptsächlichsten qualitativen Unterschiede.

Die Zahlenwerte (Tages- und Jahresmittel der Abflußmengen, Konzentrationen, abfließende Stoffmengen) der holländischen Stationen sind in den Tabellen 10 a–g zusammengestellt.

Aus diesen Tabellen geht folgendes hervor:

Die *Abflußmengen* nehmen zwischen Lobith einerseits und Gorinchem, Vreeswijk, Kampen anderseits, sowohl in den meisten Einzelmessungen als auch im Jahresmittel infolge weiterer Zuflüsse geringfügig zu, was sich aber auf Grund unserer Messungen zahlenmäßig nicht erfassen läßt.

pH-Werte

An den holländischen Stationen wurden bezüglich der pH-Werte keine Änderungen von Bedeutung beobachtet.

Sauerstoffgehalt

Die Jahresmittelwerte der Sauerstoffgehalte und der daraus errechneten im Rhein abfließenden Sauerstoffmengen nehmen von Lobith bis Vreeswijk und von Lobith bis Kampen in geringem Maße zu. Auch die Sättigungsindices erfahren von Lobith bis zu den genannten holländischen Stationen eine deutliche Zunahme. Aus diesen Befunden darf geschlossen werden, daß auf holländischem Gebiet die Wiederbelüftung des Rheinwassers auf den oben genannten Strecken seine Sauerstoffzehrung leicht übertrifft. Der beobachtete Sauerstoffgehalt in Gorinchem (Jahresmittel) zeigt praktisch keinen Unterschied gegenüber demjenigen von Lobith.

Biochemischer Sauerstoffbedarf

Sowohl die Gehalte als auch die vom Rhein pro Zeiteinheit transportierten Mengen erfahren von Lobith bis Gorinchem–Vreeswijk–Kampen meist eine merkliche Abnahme. Daraus darf der Schluß gezogen werden, daß längs dieser Strecken die Abnahme der im Rhein bestehenden Verunreinigung größer ist als die Zufuhr neuer Schmutzstoffe.

Ammonium-Ion

Zwischen Lobith und Vreeswijk wurden in den Jahresmitteln der Ammonium-Konzentrationen keine Änderungen festgestellt. Zwischen Lobith und Gorinchem sowie Lobith und Kampen wurde eine geringe Abnahme dieser Konzentration beobachtet. Die abfließenden Ammonium-Mengen erfahren längs der beobachteten Strecken eine geringfügige Abnahme.

Nitrat-Ion

Im Nitratgehalt zeigen die Jahresmittel in Gorinchem und Vreeswijk eine geringe Zunahme, in Kampen eine unbedeutende Abnahme. Die abfließenden Nitratmengen erfuhren eine mäßige Zunahme längs der untersuchten Strecken. Angesichts der relativ großen, methodisch bedingten Streuungen bei der Nitratbestimmung soll von diesen Änderungen nur gesagt werden, daß diese Beobachtungen auf einen langsam fortschreitenden Selbstreinigungsprozeß hindeuten.

Chlorid-Ion

Die Jahresmittelwerte der Chloridkonzentrationen nahmen längs der beobachteten Rheinstrecke leicht ab, was eine Folge des Zuflusses chloridarmer Gewässer ist. Dies geht übrigens auch daraus hervor, daß die abfließende Chloridmenge zwischen Lobith und Gorinchem–Vreeswijk–Kampen keine wesentliche Änderung erfährt. Hieraus darf somit geschlossen werden, daß auf holländischem Gebiet dem Rhein kein Wasser mit hohem Chloridgehalt zugeführt wird.

Phenol

Sowohl bei den Konzentrationen als auch bei den abfließenden Stoffmengen wurden merkliche Abnahmen festgestellt. Daraus darf der Schluß gezogen werden, daß bei den Phenolsubstanzen der Abbau erheblich größer ist als die Zufuhr neuer Verbindungen dieser Stoffklasse.

Durch unsere Untersuchungen konnte gezeigt werden, daß weder der Rhein auf holländischem Gebiete noch die drei aus ihm hervorgehenden Teilströme

Waal, Lek, IJssel eine Zunahme des Verunreinigungsgrades erfahren. Bei der Bsb_5-Messung und der Phenolbestimmung wurden sogar erhebliche Abnahmen im Verunreinigungsgrad festgestellt. Auch erhöhten sich die Sauerstoff-Sättigungsindices auf den Strecken Lobith-Vreeswijk und Lobith–Kampen merklich.

Auf keinen Fall tritt also im Rhein auf holländischem Gebiete eine erhebliche Zunahme der Verunreinigung auf. Wie bereits bemerkt wurde, verzichteten wir auf eine zahlenmäßige Erfassung dieser Erscheinungen, da ja im allgemeinen keine Korrespondenz der Proben besteht.

VI. ZUSAMMENFASSUNG UND SCHLUSSFOLGERUNGEN

Die von der Experten-Kommission durchgeführten Untersuchungen ergaben auf Grund der erhaltenen Ergebnisse, daß die Verunreinigung des Rheins von Eschenz bis Lobith zunimmt.

Einerseits handelt es sich dabei um Stoffe, welche im Strom nicht abgebaut werden und deren Konzentration daher dauernd zunimmt. Dies ist insbesondere für das Chlor-Ion der Fall. Seine Konzentration im Wasser erniedrigt sich lediglich bei starker Wasserführung. Ähnlich liegen die Verhältnisse bei den Nitraten, wenn auch ihre praktische Bedeutung angesichts der schwachen Zunahme geringfügig ist.

Anderseits werden dem Rhein organische Stoffe zugeführt, welche dem natürlichen Abbau (Selbstreinigung) unterliegen. Es ließ sich nachweisen, daß im Mittel- und Niederrhein die Konzentrationssteigerung dieser Stoffe infolge der Zufuhr neuer Mengen erheblich größer ist als die Konzentrationsabnahme infolge der Abbauprozesse. Den Phenolen kommt insbesondere für die Trinkwasserversorgung und die Fischerei eine besondere Bedeutung zu.

Aus den Sauerstoffwerten kann geschlossen werden, daß die im Rhein vor sich gehende Wiederbelüftung nicht genügt, um die Sauerstoffzehrung des Rheinwassers zu kompensieren.

Der Rhein erfährt also auf seinem Laufe erhebliche Veränderungen, die seinen physikalisch-chemischen Zustand ungünstig beeinflussen.

Auf holländischem Gebiet verursachen die zu hohen Gehalte an Kochsalz, Phenol und weiteren organischen und anorganischen Stoffen die Schadenwirkungen, welche zu den Klagen der niederländischen Behörden geführt haben.

Als Schwerpunkte der Belastung, die diesen Zustand herbeiführen, wurden festgestellt: das Rheinisch-Westfälische Industriegebiet, das Gebiet der Mosel, die Kaliminen des Elsaßes und des Landes Baden. Darüber hinaus sind zweifellos weitere Verunreinigungsquellen vorhanden, die in den bisherigen Untersuchungen im einzelnen noch nicht erfaßt werden konnten.

Was die Salzführung des Rheins anbetrifft, so ist ein erster bedeutender Anstieg der Werte zwischen Kembs und Lauterbourg festzustellen, ein zweiter zwischen Braubach und Rees. Der während der Untersuchungsperiode auf der Höhe von Lobith im Rhein festgestellte Salzgehalt hat bereits die Grenze des

Tragbaren erreicht und hat die z. B. in Deutschland und den USA geltenden Normen für das Trinkwasser an einzelnen Untersuchungstagen bereits überschritten.

Ist der Gehalt an Phenolen und anderen organischen Verbindungen auf der Stromstrecke Eschenz–Kembs–Lauterbourg als durchaus harmlos zu bezeichnen, so nimmt ihre Konzentration stromabwärts in beunruhigender Weise zu. Gleichzeitig vermindert sich der Sauerstoffgehalt des Wassers so weit, daß auch in dieser Hinsicht bereits Unzuträglichkeiten nach mancher Richtung hin verursacht werden.

Der Rhein ist auf den von der Kommission untersuchten Strecken im allgemeinen, und besonders im Unterlauf so schwer belastet, daß alle nur irgendwie geeigneten Maßnahmen ergriffen werden müssen, um so schnell als möglich eine Besserung der Verhältnisse herbeizuführen.

VERZEICHNIS DER TABELLEN UND FIGUREN

PRÉFACE

Sur l'initiative de sa délégation néerlandaise, la Commission centrale pour la navigation du Rhin discuta dans sa séance du 10 au 13 avril 1946 à Strasbourg le problème de la pollution du Rhin et recommanda aux délégués des pays représentés dans la dite commission d'attirer l'attention de leur gouvernement sur ce problème important et urgent.

Sur ce, le Gouvernement des Pays-Bas adressa au Département politique fédéral à Berne un *mémorandum*, dans lequel il insistait sur le grand danger que présentait la pollution toujours croissante des eaux du Rhin pour l'approvisionnement en eau de vastes régions des Pays-Bas, comme aussi, plus récemment, pour la pêche dans le Rhin. On proposait alors que les Etats riverains entreprennent des négociations

«afin de chercher à obtenir graduellement une amélioration de la qualité des eaux du Rhin, sur la base d'un accord. Il apparaît toutefois nécessaire de commencer par une analyse du Rhin et de ses affluents du point de vue de la technique des eaux usées et de définir les différentes sources de pollution. Ensuite, il importe de déterminer le type et le degré de pollution. Après une telle évaluation, il serait possible de stipuler quelles seraient les exigences requises pour assurer la pureté voulue des eaux et quelles mesures d'assainissement devraient être prises.»

A l'occasion du Congrès international de limnologie, qui s'est tenu en Suisse en août 1948, l'Inspection fédérale des forêts, chasse et pêche convoqua les membres de la conférence internationale du saumon pour une séance à Bâle. Au cours de cette séance, présidée par M.A. MATHEY-DORET, Inspecteur fédéral de la pêche, on discuta sérieusement le problème de la pollution du Rhin et l'on envisagea, pour son étude, la création d'une commission internationale des eaux résiduaires. Les représentants des états contractants s'engagèrent à recommander à leur gouvernement de désigner des délégués dans cette commission et, sur l'initiative de la Suisse, celle-ci put être constituée au printemps 1948 par voie diplomatique.

Le 11 juillet 1950, les délégués nommés par leur gouvernement ainsi que plusieurs observateurs et conseillers se réunirent à Bâle comme «Commission internationale pour la protection du Rhin contre la pollution», sous la présidence de M. le Dr U. A. CORTI, Zurich. Cette Commission se mit immédiatement à la tâche et forma une sous-commission à laquelle les Pays-Bas, l'Allemagne, la France et la Suisse envoyèrent deux experts. Cette sous-commission fut chargée de définir, par un travail en commun et notamment une série d'analyses faites au cours d'une année, quelles étaient les conditions physicochimiques des eaux du Rhin en des points caractéristiques de son cours, depuis l'Untersee jusqu'en Hollande. Ces recherches d'ordre physique et chimique exigées dans le mémorandum cité visaient à établir les conditions actuelles des eaux du Rhin sur la totalité de son cours pour les faire *reconnaître* ensuite par tous les Etats riverains, comme base sur laquelle devait se fonder l'assainissement du fleuve. Tout d'abord il importait d'établir en tous détails des méthodes d'analyse uniformes, applicables par tous les experts obligatoirement, des méthodes sûres qui permettent d'obtenir des résultats réellement comparables pour tous les points de sondage. Ces travaux préparatoires exigèrent passablement de temps.

Le 30 juin 1952, M. le Dr U. A. CORTI se retira de la Commission en qualité de délégué de la Suisse. Le Conseil fédéral nomma ensuite comme successeur de M. Corti le sous-signé, qui fut chargé, lors de la deuxième session, celle de Schaffhouse des 21 et 22 mai 1953, de la présidence, tant de la commission des délégués que de la sous-commission des experts. Lors de cette session de Schaffhouse, les délégués adoptèrent le programme d'analyses proposé par la sous-commission d'experts, de sorte que les travaux de recherches ont pu commencer au milieu du mois de juin 1953, en tous les points du cours du Rhin prévus. C'est aussi au cours de cette séance que l'on décida de créer un secrétariat permanent de la Commission, qui se trouve auprès de l'Institut fédéral pour l'aménagement, l'épuration et la protection des eaux annexé à l'EPF (EAWAG), Physikstrasse 5, Zurich 7/44.

Lors de la troisième réunion des délégués qui s'est tenue les 20 et 21 mai 1954 à La Haye, la discussion avait porté sur le projet du premier rapport sur les recherches faites (de juin à décembre 1953) et, lors de la quatrième session, celle de Strasbourg qui s'est tenue du 14 au 17 septembre 1955, le rapport général sur la première série d'analyses (de juin 1953 à juin 1954) a été adopté à l'unanimité et sa publication décidée.

La Commission est d'avis que le présent rapport sur les analyses faites donne une image suffisante pour l'instant, bien qu'incomplète des conditions physiques et chimiques des eaux du Rhin pour l'année sur laquelle portent les recherches. Les analyses ont été poursuivies selon un programme légèrement modifié sur la totalité du cours du fleuve, de Stein am Rhein jusqu'en Hollande, et il a été décidé de les continuer jusqu'au milieu de 1956. Cette nouvelle série d'analyses nous fournira une image des modifications qui se présentent d'année en année dans l'état des eaux du Rhin, et en outre, elle nous permettra de constater l'évolution des conditions qui régissent le Rhin.

Les faits mentionnés dans le présent rapport sur les recherches entreprises portent donc uniquement sur les analyses faites au cours de la période de recherches 1953/54. D'autres rapports suivront sur les résultats obtenus dans les recherches postérieures.

La Commission se compose actuellement des délégués suivants:

Allemagne: Dr P. NIEHUSS, Ministerialdirigent, Bundesverkehrsministerium, Bonn. Chef de la délégation.
W. KUMPF, Ministerialrat, Bundeswirtschaftsministerium, Bonn.

France: P. REUFFLET, Ingénieur général des Mines, Paris. Chef de la délégation.
R. GRAFF, Ingénieur en chef des Ponts et Chaussées, Strasbourg.

Luxembourg: G. Rischard, Directeur des Eaux et Forêts, Luxembourg.
Chef de la délégation.
A. Eichhorn, Inspecteur des Eaux et Forêts, Luxembourg.

Pays-Bas: G. B. R. de Graaff, Ingénieur en chef, directeur du Rijkswaterstaat, 's-Gravenhage. Chef de la délégation.
J. J. Hopmans, Ingénieur en chef A de l'Institut de l'Etat pour l'Epuration des Eaux Usées, 's-Gravenhage.

Suisse: Prof. Dr O. Jaag, Directeur de l'Institut fédéral pour l'aménagement, l'épuration et la protection des eaux annexé à l'Ecole Polytechnique Fédérale, Zurich. Chef de la délégation.
F. Baldinger, Ingénieur, chef du service cantonal argovien pour la protection des eaux contre la pollution, Aarau.

Les délégués et experts se sont déjà entretenus sur les mesures nécessaires et applicables à envisager pour l'assainissement du Rhin. Les résultats de ces discussions seront publiés ultérieurement.

Zurich, le 19 septembre 1955.   Le Président:

O. Jaag

Membres de la Commission des experts

Président: M. le Prof. Dr O. Jaag, Zurich

MM. le Dr F. Zehender, Chef du laboratoire chimique de l'EAWAG, Zurich
le Dr K. Wuhrmann, Chef de la section biologique de l'EAWAG, Zurich
le Dr L. Coin, Ingénieur Divisionnaire, Chef du Service du Contrôle des Eaux de la Ville de Paris, Membre du Conseil Supérieur d'Hygiène Publique de France, Paris
P. Vivier, Conservateur des Eaux et Forêts, Chef de la Station d'Etudes Piscicoles du Ministère de l'Agriculture, Paris
le Prof. Dr-ing. Dr-ing. E. h. G. Schroeder, Ministerialdirigent a. D., Koblenz
le Prof. Dr-phil. P. Sander, Oberregierungsrat in der Bundesanstalt für Gewässerkunde, Koblenz
l'Ir. J. J. Hopmans, Ingénieur en chef A de l'Institut de l'Etat pour l'Epuration des Eaux Usées, 's-Gravenhage
le Drs. B. M. Hoeks, Hydrobiologue de l'Institut de l'Etat pour l'Epuration des Eaux Usées, 's-Gravenhage

3

Laboratoires participant aux recherches:

Suisse:	Institut fédéral pour l'aménagement, l'épuration et la protection des eaux annexé à l'EPF, *Zurich.*
France:	Laboratoire départemental de bactériologie, *Strasbourg.*
Allemagne:	Bundesanstalt für Gewässerkunde, *Koblenz.*
Pays-Bas:	Institut de l'Etat pour l'Epuration des Eaux Usées, *'s-Gravenhage.*

Séances de la Commission des experts:

1° à *Zurich:*	les 22 et 23 avril 1952 (Présidence: Dr Corti). Discussion du programme général de travail.
2° à *Schaffhouse:*	le 20 mai 1953 (Présidence: Prof. Dr O. Jaag). Discussion du programme détaillé de travail et des méthodes d'analyses.
3° à *Paris:*	les 15 et 16 décembre 1953 (Présidence: Prof. Jaag). Discussion des résultats des six premiers mois.
4° à *'s-Gravenhage:*	les 17, 18 et 19 mai 1954 (Présidence: Prof. Jaag). Discussion du rapport provisoire du 3 mai 1954.
5° à *Coblence:*	les 21 et 22 avril 1955 (Présidence: Prof. Jaag). Discussion du projet de rapport du 31 mars 1955 sur les résultats obtenus de juin 1953 à juin 1954.

I. INTRODUCTION

Lors de sa réunion du 11 juillet 1950, la Commission des délégués de la Commission internationale pour la protection du Rhin contre la pollution a décidé de constituer une sous-commission d'experts (Commission des experts) chargée d'analyser l'eau du Rhin quant à son état actuel de pollution. Les résultats de ces analyses, prélevées simultanément, selon des principes et des méthodes analytiques uniformes, devaient fournir à la Commission des délégués les bases nécessaires à la discussion des mesures à envisager pour aboutir à une amélioration qualitative de l'eau du Rhin, mesures qui pourraient ensuite être proposées pour exécution aux pays riverains. Dans ce rapport se trouvent réunis les résultats de la première série d'analyses physico-chimiques de l'eau du Rhin, soit de juin 1953 à juin 1954.

II. PROGRAMME DE RECHERCHES

Dans sa première séance des 22 et 23 avril 1952 à Zurich, la Commission des experts a examiné comment elle parviendrait le plus efficacement à la réalisation de cette tâche et a reconnu qu'il lui fallait en premier lieu obtenir un aperçu général, à titre d'orientation. Il a été décidé à cet effet de choisir plusieurs endroits propices le long du cours du Rhin entre l'Untersee et la Hollande et d'y analyser l'état physico-chimique de l'eau sur la base d'un petit nombre de critères.

Les experts sont convenus de faire les *dosages suivants:*

Dosage de	Méthode analytique	Nombre d'analyses
1) pH	détermination électrométrique avec électrode de verre	1
2) Teneur en oxygène	selon WINKLER	2
3) Demande biochimique en oxygène (5 jours à 20° C) «BOD$_5$»	en général sans dilution, détermination de l'oxygène selon WINKLER	3
4) Ion-ammoniaque	selon NESSLER	2
5) Ion-nitrate	selon GRANDVAL et LAJOUX	2
6) Ion-chlore	selon MOHR	2
7) Phénol	selon ETTINGER, RUCHHOFT et LISHKA (avec 4-aminoantipyrine, conservation avec NaOH)	2

Pour obtenir l'index de saturation en oxygène, il a été nécessaire de noter pour chaque endroit de prélèvements la température de l'eau et de l'air (en ° C) et la pression barométrique (lecture à la station, réduite à 0° C en mm Hg). Le débit (en m³/sec) a été calculé d'après l'échelle la plus proche de chaque station. De même ont été indiquées les conditions météorologiques (précipitations, force et direction du vent, couverture du ciel).

A l'aide de ces résultats analytiques il devait être possible de se faire une idée de la charge du Rhin en eaux polluées domestiques ainsi qu'en eaux résiduaires provenant de l'artisanat, de l'industrie, des mines, etc.

En outre, chaque délégation a été libre d'élargir son programme de recherches en y comprenant des stations et des critères supplémentaires.

Les *lieux de prélèvements* ont été fixés comme suit:

Station	km-Rhin (en aval du pont de Constance)	Altitude* m	Etudes effectuées par
1) *Eschenz* (sortie du Rhin de l'Untersee)	22	395	Suisse
2) *Kembs* (en aval de l'usine)	183	229	Suisse
3) *Lauterbourg* (en amont de la frontière franco-allemande)	350	106	France
4) *Braubach* (en amont des embouchures de la Lahn et de la Moselle)	581	63	Allemagne
5) *Rees* (en amont de la frontière allemande-hollandaise)	837	14	Allemagne
6) *Lobith* (en aval de la frontière allemande-hollandaise)	862	11	Pays-Bas

*Altitude au-dessus de «NN» (point zéro officiel allemand)

Conformément à une décision antérieure de la Commission des experts, la délégation hollandaise a en plus effectué des analyses aux 3 stations suivantes:

7) *Gorinchem* (Waal)

8) *Vreeswijk* (Lek)

9) *Kampen* (IJssel)

Les résultats de ces analyses sont aussi discutés dans ce rapport.

On a renoncé dès le début au prélèvement d'échantillons correspondants, car, étant donnée la variation des débits du Rhin, une observation des temps d'écoulement d'une station à l'autre aurait causé des difficultés presque insurmontables pour l'organisation des recherches. De l'avis des experts, des échantillons prélevés fortuitement et répartis régulièrement en un assez grand nombre sur une période d'observation assez étendue devaient suffire pour caractériser numériquement l'état de pollution du Rhin.

Les lieux de prélèvements ont été choisis tels que l'eau du Rhin y soit mélangée aussi parfaitement que possible avec l'eau des affluents et les eaux usées s'y déversant en amont.

Pour être à même de se faire une idée exacte de ce mélange, il a été décidé de prélever à chaque station quatre échantillons, répartis dans le profil transversal comme suit:

1° milieu du fleuve	a) 0,5 m en-dessous de la surface
	b) 1,0 m au-dessus du fond
2° sur le côté gauche	à une distance de la rive gauche ou droite égale
3° sur le côté droit	à $^1/_5$ de la demi-largeur du fleuve, et 0,5 m en-dessous de la surface.

Ces quatre échantillons ont été pris matin et après-midi du jour de prélèvements.

La carte fig. 1[1] indique les conditions géographiques du bassin de réception du Rhin ainsi que l'emplacement des lieux de prélèvements. La représentation graphique fig. 2[2] nous renseigne sur les débits, les bassins d'apport et les altitudes du Rhin depuis Constance jusqu'à Lobith.

Les méthodes analytiques

Pour la réalisation d'une étude si vaste et si importante pour les milieux intéressés, il a été indispensable d'exiger sur toute la ligne des méthodes analytiques irréprochables et uniformes dans la mesure du possible. En effet, ce n'est qu'à l'aide de résultats comparables qu'il est possible de déterminer dans son ensemble l'état de pollution du Rhin. Les efforts qui ont été nécessaires pour atteindre au moins approximativement ce but prouvent cependant qu'il n'est pas facile d'amener à une unité les méthodes employées par quatre laboratoires de différents pays.

Alors que, dans sa première séance, la Commission des experts a établi les principes des méthodes à employer, elle a discuté dans sa seconde séance du 20 mai 1953 à Schaffhouse les propositions élaborées par les experts des différents pays.

Lors de cette discussion, on s'est mis d'accord sur certains procédés analytiques, on a renoncé par contre à une uniformité totale dans les détails de l'exécution, vu les différents instruments et les habitudes de travail propres à chaque laboratoire participant à ces recherches. En outre, les experts ont été chargés

---

[1] La carte, quelque peu modifiée, a été tirée de: «Der Rhein», Ausbau, Verkehr, Verwaltung, herausgegeben von der Wasser- und Schiffahrtsdirektion Duisburg im Auftrage des Bundesministers für Verkehr, 1951.

[2] Diagrammes I (débits) et II (bassins d'apport) de: F. Lippert: «Gedenkschrift der Bundesanstalt für Gewässerkunde – zur 50jährigen Wiederkehr der Gründung der Preussischen Landesanstalt für Gewässerkunde», page 113.

d'élaborer les courbes étalon sur la base des essais nécessaires et de calculer les valeurs témoins.

Valeur du pH

Détermination au laboratoire, à la température de chambre (18 à 20° C), électrométriquement avec une précision de $1/10$ d'unité du pH.

Oxygène

L'oxygène a été dosé par la méthode de WINKLER (Z. anal. Ch. *53*.665 [1914]). Les résultats ont été exprimés en mg/l O_2 avec une précision de $1/10$ de milligramme.

Pour le calcul de la *concentration de la saturation en oxygène*, nous nous sommes basés sur H. SCHMASSMANN, qui se sert du tableau de Fox pour les gaz secs (Schweiz. Zeitschr. f. Hydrologie, *11*.430 [1949]). Nous avons choisi cette méthode pour les raisons suivantes: la dispersion des teneurs en oxygène obtenues par la méthode de WINKLER permet de négliger la tension de la vapeur d'eau et de même, il n'est pas nécessaire de tenir compte de la pression barométrique régnant au moment du prélèvement. La moyenne annuelle de la pression barométrique des altitudes de chaque emplacement de prélèvements suffit pour calculer assez exactement la concentration de la saturation en oxygène dans l'eau. Pour les altitudes très petites, c'est-à-dire inférieures à 100 m au-dessus du niveau de la mer, on peut admettre pour la pression barométrique le facteur de correction (f) $= 1.$

Dans le tableau 3 se trouvent les valeurs suivantes:

Col. 1 : la moyenne journalière de la teneur effective en oxygène en mg/l O_2,
Col. 2 : la quantité d'oxygène se trouvant dans l'eau coulante en kg/sec O_2,
Col. 3 : la température de l'eau,
Col. 4 : la concentration de la saturation, calculée selon H. SCHMASSMANN,
Col. 5 : la différence entre la concentration de la saturation en oxygène et la concentration effective en mg/l O_2 (valeurs positives: sursaturation, valeurs négatives: déficit),
Col. 6 : index en % de la saturation en oxygène.

Demande biochimique en oxygène

Selon le degré de pollution de l'eau à analyser, le BOD_5 a été fixé directement ou avec la méthode de dilution, en aérant au besoin les échantillons préalablement. Les résultats ont été exprimés en mg/l O_2 avec une précision de $1/10$ de milligramme.

Ion-ammoniaque

Dosage selon la méthode de NESSLER. Les analyses des échantillons ont été faites au laboratoire, en général sans distillation préalable, et si possible à l'aide d'un photomètre. Nous avions l'intention, au début, d'indiquer les résultats avec une précision de $1/100$ de milligramme par litre. Au cours des recherches, nous avons cependant dû reconnaître que la deuxième décimale après la virgule ne peut plus être exprimée avec certitude. Les experts suisses ont rendu attentif au fait qu'en faisant usage du réactif de NESSLER pour des teneurs en azote ammoniacal inférieures à 0,1 mg/l NH_4^+, il se présente des colorations non spécifiques, qui ne reposent pas sur l'ion ammoniaque. De même, les experts français ont été d'avis que les valeurs inférieures à 0,1 mg/l NH_4^+ ne sont plus sûres. En outre, la confrontation des méthodes a démontré que les diverses préparations du réactif NESSLER n'ont pas toutes la même sensibilité vis-à-vis de l'ion ammoniaque. Les réactifs insensibles permettent tout juste de déceler une teneur de 0,1 mg/l. Pour ces raisons, nous n'avons tenu compte pour l'élaboration des résultats que des valeurs supérieures à 0,1 mg/l NH_4^+.

Ion-nitrate

Méthode GRANDVAL et LAJOUX avec addition d'acide sulfophénique (Z. analyt. Chem. *85*.244 [1931]). Les résultats ont été exprimés en milligrammes par litre de NO_3^- avec une précision de $^1/_{10}$ de milligramme.

Ion-chlore

Dosage selon MOHR. On a déduit du résultat analytique une valeur témoin déterminée préalablement. La teneur a été exprimée en milligrammes par litre de Cl^- en arrondissant aux milligrammes entiers.

Phénol

Lors de la séance du 20 mai 1953 à Schaffhouse, la Commission des experts a décidé d'effectuer le dosage du phénol au moyen de 4-aminoantipyrine et de ferricyanure de potassium, p. ex. selon les indications de ETTINGER, RUCHHOFT et LISHKA (Analytical Chemistry *23*. 1783 [1951]). Pour les échantillons conservés avec de la soude caustique (pH au moins 11), le phénol a été dosé directement, c'est-à-dire sans distillation préalable. Il était prévu de ne pas extraire avec un dissolvant organique la matière colorante obtenue. Les résultats ont été indiqués, lorsqu'il le fut nécessaire, en $^1/_{1000}$ de milligramme (Braubach, Rees et Lobith).

Cependant, lors de la séance des 15/16 décembre 1953 à Paris, cette prescription a été modifiée comme suit: Les échantillons conservés avec de la soude caustique sont traités avec du 4-aminoantipyrine et du ferricyanure de potassium et ensuite extraits avec du chloroforme. En même temps, on porte la concentration au décuple du volume original. Le phénol pur (acide phénique) sert de solution comparative. Les résultats sont indiqués à $^1/_{100}$ de milligramme près. Cette modification de la méthode a été adoptée par tous les laboratoires fin février 1954. Nous n'avons tenu compte dans ce rapport que des résultats obtenus à partir de cette date.

III. REPRÉSENTATION ET ÉLABORATION DES RÉSULTATS

Notre intérêt principal s'est porté tant sur le degré de pollution de l'eau du Rhin en général que sur la variation de sa pollution d'une station à l'autre. A cet effet, nous avons dû comparer les résultats obtenus aux différents endroits de prélèvements et analyser l'état du Rhin dans son profil longitudinal à l'aide des résultats physico-chimiques.

Nous avons réuni les valeurs analytiques dans les tableaux et graphiques joints à ce rapport. Le tableau 1 comprend les débits du Rhin aux jours de prélèvements pour les six stations,

tableau 2: les valeurs du pH,
tableau 3: les teneurs en oxygène et les index de saturation,
tableau 4: la demande biochimique en oxygène (BOD_5),
tableau 5: les teneurs en ion-ammoniaque,
tableau 6: les teneurs en ion-nitrate,
tableau 7: les teneurs en ion-chlore,
tableau 8: les teneurs en phénol.

Dans ces tableaux ont été inscrites les valeurs moyennes journalières et les débits respectifs en kg/sec.

Pour l'élaboration des valeurs analytiques et leur réunion dans les tableaux, nous avons procédé de la façon suivante:

Les *moyennes* des valeurs individuelles ont été calculées avec une précision aussi grande que possible, adaptée toutefois aux données à notre disposition.

Prenons comme exemple les valeurs des chlorures: La moyenne des valeurs individuelles du matin ou de l'après-midi (8 en général), exprimées en milligrammes entiers, a été calculée à $^1/_{10}$ de milligramme près. La moyenne journalière par contre a été calculée au $^1/_{100}$ de milligramme, en arrondissant toutefois la deuxième décimale au 0 ou au 5. La moyenne de deux valeurs individuelles n'a cependant été calculée qu'au milligramme entier ou au demi-milligramme.

Les *concentrations* (mg/l) et les *débits* (m^3/sec) inscrits dans les tableaux 1–8, 10 a–g ont été indiqués avec la précision la plus grande possible pour chaque cas respectif. Ces valeurs peuvent donc être utilisées comme point de départ pour tout autre calcul.

Par contre, les *quantités de matières transportées* dans le Rhin (kg/sec) ont été arrondies *uniformément* pour toutes les stations, en partie aux dépens de la précision des valeurs. Ces chiffres ne pourront donc pas servir de base pour d'autres calculs. C'est ainsi que, p. ex. pour les chlorures, toutes les valeurs de la quantité de chlorures transportés dans le Rhin ont été indiquées au 0,1 kg/sec Cl^- près (Eschenz 0,4 kg/sec, Lobith 222,1 kg/sec).

1) Comparaison des valeurs des profils transversaux et des échantillons prélevés matin et après-midi.

Dans le tableau 9 se trouvent réunies les valeurs moyennes annuelles calculées sur la base du groupement suivant des valeurs:

Echantillons prélevés à gauche et à droite du fleuve,
échantillons prélevés en-dessous de la surface et au-dessus du fond,
valeurs du matin et de l'après-midi,
valeurs moyennes journalières.

Afin d'obtenir des moyennes annuelles comparables entre elles, nous avons été obligés de considérer le même nombre de valeurs individuelles pour les différents groupes d'une station.

Il ressort de ce tableau:

a) *Teneur en oxygène:* A *Rees* et à *Lobith*, les valeurs individuelles ainsi que la moyenne annuelle sont un peu plus élevées sur le côté gauche que sur le côté droit; les autres stations ne présentent par contre que des différences insignifiantes. De même, nous n'avons relevé que des divergences minimes entre les valeurs analytiques du matin et celles de l'après-midi, ainsi qu'entre celles des échantillons prélevés à la surface et au-dessus du fond du fleuve.

b) BOD_5: A *Braubach*, *Rees* et *Lobith*, une petite majorité des valeurs individuelles ainsi que la moyenne annuelle des échantillons prélevés au fond de l'eau sont plus ou moins nettement supérieures à celles des échantillons pris à la surface. A *Rees*, le côté droit accuse une plus forte pollution que le côté gauche, ainsi qu'il en ressort d'une faible majorité des valeurs individuelles et de la valeur moyenne annuelle; à *Lobith* par contre, il n'y a pas de différence analogue.

c) *Azote ammoniacal:* A *Rees* et à *Lobith*, la teneur en azote ammoniacal de presque toutes les valeurs individuelles et de la valeur moyenne annuelle se trouve plus élevée sur le côté droit du Rhin.

d) *Azote nitrique:* Pour l'azote nitrique, il n'y a que des différences minimes entre les différents points du profil transversal. L'examen des valeurs individuelles permet en outre de reconnaître que ces différences ne sont pas significatives.

e) *Chlorures:* A *Lauterbourg*, la moyenne annuelle des valeurs de l'après-midi est considérablement plus élevée que celle des valeurs du matin. L'examen des valeurs individuelles prouve cependant que cette différence remonte à un petit nombre de jours seulement, ainsi qu'il en ressort du tableau ci-dessous, où ne sont inscrites que les différences très distinctes.

Teneur en chlorures à Lauterbourg mg/l Cl⁻

No.	Date	jour de semaine	matin	après-midi
1	16. 6. 53	mardi	13,8	35,9
11	17. 11. 53	„	47,2	81,5
12	1. 12. 53	„	51,2	101,0
13	22. 12. 53	„	64,5	98,0
moyenne annuelle			83,5	91,0

A *Rees* et *Lobith*, les teneurs en chlorures sont plus élevées à droite qu'à gauche, aussi bien celles de toutes les valeurs individuelles que celle de la valeur moyenne annuelle.

f) *Phénol:* A *Rees* et *Lobith*, les valeurs moyennes de 8 prélèvements sont nettement plus élevées à droite qu'à gauche. Cette différence est visible chez la plupart des valeurs individuelles.

2) L'état physico-chimique du Rhin dans son profil longitudinal.

Ainsi que nous venons de le démontrer, il n'y a que très rarement des différences systématiques entre les échantillons prélevés le matin et l'après-midi, de sorte que nous n'avons tenu compte dans la suite que des valeurs moyennes journalières.

Pour être à même de définir l'état de l'eau du Rhin, il importe de connaître non seulement les concentrations des matières polluantes mais aussi la quantité des matières transportées dans l'eau au moment du prélèvement. C'est pourquoi nous avons calculé sur la base de sa *concentration* (mg/l) et du débit du Rhin la *quantité* d'une certaine matière présente dans le Rhin (kg/sec). Cette valeur nous donne la *charge effective* du fleuve en matières polluantes.

Les valeurs moyennes journalières réunies dans les tableaux 1, 3–8 ont été représentées graphiquement de la façon suivante:

Figures 3–5: Représentation chronologique, en deux dimensions

Les valeurs moyennes journalières ont été groupées pour chaque station séparément et inscrites dans l'ordre des dates de prélèvements (mg/l et kg/sec).

Figures 6–11: Représentation chronologique, en trois dimensions

Les valeurs moyennes journalières ont été inscrites dans un système de coordonnées en trois dimensions, dans l'ordre des stations et des dates de prélèvements (mg/l et kg/sec).

*Figures 12–20: Représentation statistique des valeurs individuelles
ainsi que de la valeur moyenne annuelle*

Les résultats de chaque station ont été groupés et inscrits dans un système de coordonnées en deux dimensions, indépendamment des dates de prélèvements (mg/l et kg/sec).

*Figures 21 et 22: Répartition de la fréquence, c'est-à-dire classement des valeurs
d'après la charge en matières polluantes*

Par cette représentation nous avons indiqué graphiquement la fréquence en pour-cent de différentes classes d'intensité de la pollution aux diverses stations. Le choix des classes a été adapté aux conditions des différentes stations.

Les *figures 3–5* nous donnent un aperçu de toutes les valeurs moyennes journalières dans l'ordre des prélèvements et nous montrent en outre les différences existant entre les stations.

Dans les *figures 6–11*, les valeurs moyennes journalières sont inscrites d'une façon un peu plus lisible; d'une part, les valeurs d'une même station se trouvent sur une même ligne, d'autre part les résultats d'une même série de prélèvements peuvent être comparés directement. Ce graphique donne cependant l'impression d'une perspective déformée, ce qui n'a pu être complètement évité par suite de la représentation des valeurs en trois dimensions. Cependant, vu qu'il n'y a pas de correspondance entre les prélèvements, ainsi que nous l'avons déjà mentionné, ce mode de représentation est au fond inadmissible; en tout cas, pour son interprétation, il faudra toujours considérer que des valeurs individuelles ont été groupées dans un certain ordre sans qu'il y ait de relation directe entre les différentes observations. Toutefois, il est à remarquer qu'il existe dans la plupart des cas une certaine correspondance entre les échantillons prélevés, un changement brusque des conditions étant plutôt rare (p. ex. lors d'une crue soudaine). Les traits reliant les différentes valeurs ont été tirés dans l'intérêt d'une plus grande clarté. L'évolution exacte de la courbe nous est par contre inconnue.

Puisqu'il n'y a pas de correspondance entre les échantillons et que, par contre, nous avons à notre disposition un nombre suffisant de résultats, nous nous sommes décidés à représenter les valeurs globalement, c'est-à-dire indépendamment de la date des prélèvements *(figures 12–22)*. Nous avons essayé ainsi d'indiquer d'une façon caractéristique pour tout le cycle 1953/54 le degré de pollution du Rhin à certains points de son cours. Dans les figures 12–20, les valeurs moyennes journalières sont inscrites isolément, les figures 21 et 22 par contre présentent une généralisation en ce sens que les valeurs sont groupées en classes d'un même degré de pollution. Plus il y a de résultats, mieux il est possible de juger du degré de pollution du Rhin aux différentes stations.

Cette dernière représentation est certainement la plus concluante, puisqu'elle nous indique moyennant un nombre relativement grand d'observations *la fréquence d'une certaine charge en matières polluantes à chacune des six stations au cours de l'année 1953/54.* Comme le nombre d'observations à notre disposition est pour le moment petit, la relation cherchée ne s'exprime pas très clairement. Ce genre d'élaboration nous a cependant permis d'atteindre en principe notre but, c'est-à-dire de définir numériquement l'état actuel de pollution du Rhin dans ses différents tronçons.

IV. INTERPRÉTATION DES RÉSULTATS

Ainsi qu'il en ressort nettement des tableaux et des graphiques, la pollution du Rhin de la part de matières résiduaires (p. ex. sels, matières organiques provenant des eaux résiduaires domestiques et industrielles, eaux résiduaires des cockeries contenant des phénols) augmente généralement de Eschenz à Lobith.

Valeur du pH

Ainsi que nous le voyons dans le tableau 2, toutes les valeurs du pH se trouvent entre 7,2 et 8,6. On reconnaît aux différentes stations des divergences relativement minimes. La valeur du pH de l'eau du Rhin baisse progressivement de Eschenz à Lobith. A Eschenz, toutes les valeurs se placent au-dessus de 8, à Kembs et Lauterbourg en général entre 7,7 et 8,2. Aux trois autres stations (Braubach, Rees et Lobith), la valeur du pH de l'eau du Rhin est en général entre 7,2 et 7,8.

Une interprétation de ces valeurs n'est pas possible, étant donné que nous n'avons déterminé ni la dureté des carbonates, ni la dureté totale ni l'acide carbonique libre. Nous pouvons simplement constaté qu'il n'y a pas, dans les valeurs du pH de l'eau du Rhin, de variations importantes pour l'interprétation générale, ni du côté alcalin, ni du côté acide.

Teneur en oxygène

La teneur en oxygène de l'eau du Rhin diminue successivement de Eschenz à Lobith. La moyenne annuelle de l'index de saturation est de 106% à Eschenz et tombe jusqu'à 59% à Lobith. Eschenz et Kembs présentent tant des sursaturations que des déficits (index 88–126%). En aval de Kembs, on ne constate que des déficits pour toute l'année.

Ces observations permettent la conclusion qu'en présence de la consommation d'oxygène dans l'eau du Rhin due à la pollution, la ré-aération ne suffit pas à maintenir sur tout le cours du Rhin la concentration de saturation en oxygène. Les experts constatent que la réserve en oxygène dissous dans le fleuve est parfois si petite à Lobith que des effets nocifs peuvent se manifester.

Demande biochimique en oxygène

La demande biochimique en oxygène de l'eau du Rhin s'accroît en général de Eschenz à Lobith, les augmentations les plus accentuées se trouvant dans le Rhin inférieur. A Eschenz, les valeurs sont petites (2,1 mg/l O_2, moyenne annuelle); une augmentation sensible est observée à Kembs, Lauterbourg et Braubach; à Lobith, elles atteignent 6,8 mg/l O_2 comme moyenne annuelle. La valeur moyenne journalière la plus élevée a été trouvée à Lobith avec 9,8 mg/l O_2. La demande biochimique en oxygène du débit s'évalue à 0,71 kg/sec O_2 à Eschenz et à 9,41 kg/sec O_2 à Lobith. Ainsi qu'il en ressort du tableau 4, la demande biochimique en oxygène augmente sur quatre tronçons tandis qu'elle reste la même entre Kembs et Lauterbourg.

Nous ne connaissons qu'incomplètement l'origine et la quantité de toutes les matières organiques se déversant dans le Rhin, n'ayant pas fait de recherches à ce sujet. La part du BOD_5 provenant des eaux usées domestiques peut être évaluée à *8,7–16,2 kg/sec O_2*, en admettant 50 à 70 g O_2 par habitant et par jour pour une population de 15 à 20 millions d'habitants (voir K. IMHOFF, Gesundheitsingenieur *68*. 108 [1947]). La valeur moyenne de la quantité de matières polluantes arrivant en réalité à Lobith est de 9,41 kg/sec O_2. Cette valeur se trouve à la limite inférieure de la quantité calculée, de sorte que l'on peut admettre une diminution du BOD_5 par suite de l'autoépuration. Nous ignorons la quantité totale de matières absorbant l'oxygène provenant de déversements d'eaux résiduaires domestiques et industrielles et la quantité de matières organiques causant une pollution naturelle de l'eau, p. ex. lors d'une crue. Nous ne savons non plus jusqu'à quel point ces matières se décomposent à nouveau; des analyses spéciales seraient nécessaires à cet effet. Toutefois, nos résultats actuels prouvent que l'augmentation de la pollution est plus forte que la réduction des matières polluantes déjà présentes dans l'eau, c'est-à-dire qu'elle l'emporte sur l'autoépuration.

Ion-ammoniaque

La pollution du Rhin par sels ammoniacaux augmente fortement depuis l'Untersee jusqu'à la frontière hollandaise. Les valeurs moyennes annuelles de la quantité d'azote ammoniacal descendant le Rhin s'élèvent de 0,00 kg/sec NH_4^+ (Eschenz) à 1,87 kg/sec NH_4^+ (Lobith). Les valeurs déterminées jusqu'à Braubach ne dépassent pas 17% de la quantité totale observée à Lobith. Les 83% restants proviennent de déversements en aval de Braubach. La concentration maximum de l'azote ammoniacal jusqu'à Braubach est de 0,3 mg/l NH_4^+, Eschenz et Lauterbourg ne présentant que des valeurs de 0,0 mg/l NH_4^+. Rees et Lobith par contre atteignent des teneurs de 1,1 mg et de 1,5 mg/l NH_4^+; la moyenne journalière maximum a été dosée à Lobith par 3,2 mg/l NH_4^+.

Ion-nitrate

En général, nous avons constaté une augmentation des teneurs nitriques d'amont en aval. Les valeurs minima ont été observées à Eschenz (moyenne annuelle de la concentration: 1,5 mg/l NO_3^-, moyenne annuelle de la quantité: 0,50 kg/sec NO_3^-), les valeurs maxima à Rees (7,5 mg/l NO_3^- et 10,9 kg/sec NO_3^-). Une valeur maximum individuelle (moyenne journalière) a été dosée à Rees par 13,3 mg/l NO_3^-. Une augmentation sensible des valeurs a eu lieu entre Lauterbourg et Braubach d'une part, entre Braubach et Rees d'autre part, tandis qu'on a constaté une diminution de la concentration et de la quantité entre Rees et Lobith. Cette diminution peut être en partie imputable à la méthode analytique, ainsi qu'il a été remarqué au cours d'essais systématiques.

Nous ne pouvons pas dire grand-chose sur l'origine de l'azote nitrique. Comme tout fleuve pur, le Rhin contient une certaine quantité de nitrates par nature (voir valeurs à Eschenz). D'autre part, il se produit une augmentation de l'azote nitrique dans le courant du fleuve par suite de l'oxydation de l'azote ammoniacal se dégageant des matières résiduaires. En outre, il y a des apports de nitrates dans le Rhin de provenance industrielle.

Ion-chlore

La teneur en chlorures de l'eau du Rhin et la quantité des chlorures y découlant augmentent par étapes de Eschenz à Lobith, une première augmentation assez grande se trouvant entre Kembs et Lauterbourg, une seconde entre Braubach et Rees. Voici ci-dessous les valeurs moyennes annuelles des différents tronçons:

Eschenz–Kembs	2,9– 9,8 mg/l,	0,9– 7,9 kg/sec
Lauterbourg–Braubach	82,6– 87,2 mg/l,	72,1– 88,0 kg/sec
Rees–Lobith	143,1–162,6 mg/l,	196,7–204,7 kg/sec

A Lobith, nous avons trouvé comme teneur maximum 274,9 mg/l Cl^- (valeur moyenne journalière) tandis qu'une valeur individuelle de 294 mg/l Cl^- a été constatée sur le côté droit. La quantité totale de chlorures arrivant à Lobith (moyenne annuelle: 205 kg/sec $Cl^- = 100\%$) provient de déversements dans le Rhin se répartissant de la façon suivante:

entre Eschenz et Kembs	env.	3%
entre Kembs et Lauterbourg	env.	31%
entre Lauterbourg et Braubach	env.	8%
entre Braubach et Rees ou Lobith	env. 53 ou 57%

Il y a déjà 1% environ de chlorures dans l'eau du Rhin à Eschenz.

Les indications suivantes nous renseignent sur les principales régions d'apports de chlorures dans le Rhin ainsi que sur le genre et la quantité des différentes eaux usées chlorurées:

Les chlorures se déversant dans le Rhin avec les *eaux usées domestiques* peuvent être estimés à environ 20–30 g Cl^- par habitant et par jour (valeur déterminée plusieurs fois par l'EAWAG dans les eaux usées de la ville de Zurich) tandis que les chlorures provenant des déjections humaines (urine) s'élèvent à environ 10 g Cl^- par habitant et par jour (voir E. LEHNARTZ: Einführung in die chemische Physiologie). En admettant que le Rhin recueille jusqu'à la frontière hollandaise les eaux polluées de 15 à 20 millions d'habitants, nous en déduisons que de la quantité totale des chlorures déterminée à Lobith, 7 kg/sec Cl^- au plus (environ 3,5%) proviennent des eaux usées domestiques. Celles-ci sont amenées au Rhin par toutes les grandes agglomérations se trouvant dans son bassin d'apport, les lieux les plus habités étant situés dans son cours inférieur.

La part prédominante des chlorures provient d'une part des chlorures présents par nature dans l'eau du Rhin et de ses affluents et d'autre part des eaux résiduaires industrielles chlorurées.

Pour les chlorures se trouvant par nature dans le Rhin, nous pouvons en discerner deux sortes: d'une part les ions-chlore contenus en petite quantité dans presque toutes les eaux superficielles, d'autre part les eaux superficielles chlorurées traversant certaines régions aux couches géologiques salines (Moselle et Lippe). Nous avons pu déterminer la teneur naturelle en chlorures du Haut-Rhin à Eschenz avec environ 3 mg/l Cl⁻. L'Aar présente à son embouchure dans le Rhin une teneur maximum de 3 mg/l Cl⁻ selon les recherches faites par la «Regionalplanungsgruppe Nordwest-Schweiz, Bericht Nr.2 (Wasser- und Energiewirtschaft, Nr.4, 1954, Zürich)». Dans sa publication (loc. cit.), F. LIPPERT indique que la Lippe présente une salinité naturelle très accentuée; comme nous le savons, il en est de même pour l'eau de la Moselle. Cependant, à côté de ces effluents salins naturels, il y a, tant dans la région de la Moselle que dans celle de la Lippe, des évacuations d'eaux résiduaires salines de la part des mines de charbon. Il ne nous est toutefois pas possible pour le moment d'exprimer la proportion quantitative entre ces différentes provenances de chlorures, faute de recherches à ce sujet. Nous pouvons pourtant calculer, d'après la communication de la «Bundesanstalt für Gewässerkunde, Koblenz», concernant la teneur en chlorures de la Moselle à Coblence, publiée le 16 août 1954, que la Moselle délivre dans le Rhin environ 27 kg/sec de chlorures. Cela équivaut à environ 13% de la charge totale de chlorures passant à Lobith (moyenne annuelle 1953/54). La Moselle présente même à certains jours des quantités de chlorures sensiblement plus élevées (jusqu'à 150 kg/sec Cl⁻). Ceci nous prouve que cet affluent joue un rôle non négligeable dans la progression de la salinité de l'eau du Rhin. L'augmentation des chlorures observée entre Kembs et Lauterbourg est probablement due en première ligne aux rejets des mines de potasse. Mais nous ignorons actuellement la proportion des chlorures imputables aux déversements des mines de potasse soit d'Alsace soit de la région de Bade (Buggingen).

L'élaboration *actuelle* des résultats nous permet d'établir le bilan suivant résumant la répartition des chlorures dans l'eau du Rhin (moyenne annuelle 1953/54):

Déversements de chlorures

jusqu'à Kembs	(chlorures de provenance naturelle et surtout d'eaux usées ménagères) . . .	env.	4%
jusqu'à Lauterbourg	(chlorures provenant des eaux usées ménagères et surtout des mines de potasse)	env.	31%
jusqu'à Braubach	(chlorures provenant des eaux usées ménagères et industrielles)	env.	8%
		report	43%

		report	43 %
apport de la Moselle	(chlorures de provenance naturelle et d'eaux usées ménagères et industrielles)	env.	13%
jusqu'à Lobith	(sans la part de la Moselle; chlorures de provenance naturelle de la Lippe ainsi que d'eaux usées ménagères et industrielles)	env.	44%
	total		100%

Phénol

Ainsi que nous l'avons déjà mentionné au chapitre II, nous n'avons tenu compte pour l'élaboration des valeurs du phénol que des résultats obtenus de février à juin 1954. Chaque station dispose donc de huit valeurs moyennes journalières. Le Rhin se divise nettement en deux parties. Entre Eschenz et Lauterbourg, il n'y a pour ainsi dire pas de phénol. Par contre, nous avons pu constater des teneurs en phénol à partir de Braubach jusqu'à Lobith. Les trois stations du cours inférieur présentent des concentrations en phénol de 0,038, 0,046 et 0,033 mg/l. Les quantités respectives s'élèvent à 0,040, 0,064 et 0,042 kg/sec de phénol. Vu le petit nombre de résultats à notre disposition, nous préférons pour le moment ne pas tirer de conclusions de ces valeurs. Il est cependant certain que l'on trouve toujours des teneurs en phénol dans le Rhin moyen et le Rhin inférieur, c'est-à-dire à partir de Braubach jusqu'à Lobith. Les teneurs maxima ont été observées à Rees.

V. LES RÉSULTATS OBTENUS AUX STATIONS HOLLANDAISES

Les valeurs analytiques obtenues par les experts des Pays-Bas aux stations Gorinchem, Vreeswijk et Kampen, qui nous renseignent sur l'état de l'eau dans les trois bras du Rhin, Waal, Lek et IJssel, ont été soumises à un examen spécial. Il s'agissait surtout d'examiner les altérations que l'eau du Rhin subissait en territoire hollandais, c'est-à-dire en aval de Lobith.

Dans l'élaboration de ces résultats, les *concentrations* ont été mises en rapport avec la *quantité d'une substance* passant en une seconde près de chaque station respective. Les teneurs observées à Gorinchem, Vreeswijk et Kampen ont pu être comparées directement avec les teneurs décelées à Lobith. Pour l'interprétation des quantités de matières, il a par contre été nécessaire de calculer la somme des quantités obtenues aux stations des trois bras du Rhin et de comparer ensuite cette valeur avec la quantité évaluée à Lobith.

Cette exploitation des valeurs, dans laquelle nous avons surtout confronté les moyennes annuelles, se base sur l'hypothèse simplifiante que le fleuve présente à l'endroit où il se divise en ses trois bras Waal, Lek et IJssel, une composition uniforme de l'eau dans son profil transversal. C'est pourquoi nous avons choisi les valeurs moyennes journalières trouvées à Lobith comme base pour nos comparaisons.

Etant donné le manque de correspondance entre les échantillons prélevés aux quatre stations hollandaises, les prises d'eau ayant toujours été effectuées le même jour, nous avons renoncé dès le début à une exploitation quantitative exacte des résultats et nous nous sommes contentés de relever les différences qualitatives essentielles.

Les valeurs des stations hollandaises (moyennes journalières et annuelles des débits, des concentrations et des quantités de matières transportées dans l'eau) ont été réunies dans les tableaux 10 a–g.

Il ressort de ces tableaux:

Les *débits* augmentent légèrement entre Lobith d'une part et Gorinchem, Vreeswijk et Kampen d'autre part, tant dans les valeurs individuelles que dans la moyenne annuelle, par suite de nouveaux apports d'eau. Nos analyses ne permettent cependant pas l'évaluation numérique de cette augmentation.

Valeurs du pH

Les valeurs du pH observées aux stations hollandaises ne présentent aucune altération importante.

Teneur en oxygène

Les moyennes annuelles des teneurs en oxygène et des quantités d'oxygène transportées dans le Rhin augmentent légèrement entre Lobith et Vreeswijk d'une part, entre Lobith et Kampen d'autre part. De même, les index de saturation révèlent une augmentation sensible entre Lobith et les deux stations susmentionnées. On peut donc en conclure que dans ces deux tronçons la réaération de l'eau du Rhin est légèrement plus forte que sa consommation en oxygène. La teneur en oxygène (moyenne annuelle) observée à Gorinchem ne diffère pour ainsi dire pas de la teneur décelée à Lobith.

Demande biochimique en oxygène

Les teneurs et les quantités transportées dans le Rhin par unité de temps présentent en général une diminution sensible entre Lobith et chacune des trois stations Gorinchem, Vreeswijk et Kampen. Nous pouvons en déduire que, le long de ces tronçons, la diminution de la pollution dans le Rhin l'emporte sur l'apport de nouvelles matières polluantes.

Ion-ammoniaque

Entre Lobith et Vreeswijk, aucune différence n'a pu être observée dans les moyennes annuelles des concentrations en azote ammoniacal. Une petite diminution de la concentration a pu être constatée entre Lobith et Gorinchem d'une part et Lobith et Kampen d'autre part. Les quantités d'azote ammoniacal transportées dans l'eau accusent une diminution insignifiante au long des tronçons en question.

Ion-nitrate

Les moyennes annuelles des teneurs en nitrates montrent une faible augmentation à Gorinchem et Vreeswijk et une diminution insignifiante à Kampen. Les quantités de nitrates accusent une augmentation modérée le long des parcours examinés. Vu la dispersion relativement grande dans le dosage des nitrates, en conséquence de la méthode analytique, nous nous bornons à dire que ces altérations font supposer un lent procès d'autoépuration progressive.

Ion-chlore

Les moyennes annuelles des concentrations de chlorures diminuent légèrement le long du parcours analysé, en conséquence d'apports d'eaux pauvres en chlorures. Ceci se manifeste d'ailleurs aussi dans le fait que les quantités de chlorures transportés dans l'eau entre Lobith et Gorinchem-Vreeswijk-Kampen n'accusent pas d'altération importante. Il en résulte que, sur le territoire hollandais, le Rhin ne reçoit aucun apport d'eau d'une teneur en chlorures élevée.

Phénol

Il y a des diminutions sensibles tant dans les concentrations que dans les quantités. Nous en déduisons que, pour les phénols, la décomposition est considérablement supérieure à l'apport de nouveaux composés de ces matières.

Nos analyses ont prouvé que ni le Rhin en territoire hollandais ni ses trois bras Waal, Lek, IJssel révèlent une augmentation de la pollution. Les valeurs du BOD_5 et du phénol permettent même de constater une diminution considérable du degré de pollution. De même, les index de saturation en oxygène présentent une augmentation sensible entre Lobith–Vreeswijk et Lobith–Kampen.

Il n'y a donc en aucun cas une augmentation importante de la pollution du Rhin en territoire hollandais. Comme nous l'avons déjà dit, nous avons renoncé à une étude quantitative de ces phénomènes, vu le manque de correspondance entre les prises d'échantillons.

VI. RÉSUMÉ ET CONCLUSIONS

Les résultats des analyses effectuées par la Commission des experts ont démontré que la pollution du Rhin augmente de Eschenz à Lobith.

Il s'agit d'une part de matières qui ne se décomposent pas dans l'eau du fleuve et dont, par conséquent, la concentration augmente continuellement. Ainsi en est-il particulièrement pour l'ion chlore, dont la concentration ne baisse que lors d'un grand débit. Les conditions sont analogues pour les nitrates, bien que leur importance pratique apparaisse plutôt minime étant donné leur faible augmentation.

Le Rhin reçoit d'autre part des matières organiques sujettes à la décomposition naturelle (autoépuration). Nous avons reconnu que dans le Rhin moyen et le Rhin inférieur, l'apport de matières organiques nouvelles l'emporte sur la diminution de leur concentration due à la décomposition, et que les phénols prennent une importance particulière pour l'approvisionnement en eau potable et la pisciculture.

Les valeurs en oxygène dissous montrent que dans le Rhin les phénomènes d'autoabsorption ne sont pas compensés au cours de l'écoulement par la ré-aération.

L'état physico-chimique du Rhin change donc considérablement et défavorablement le long de tout son cours.

En territoire hollandais, la surcharge des eaux du fleuve en chlorures, phénols et autres composés organiques non définis entraine des nuisances multiples qui sont à l'origine des réclamations des autorités des Pays-Bas.

Les éléments constitutifs principaux de ce vaste et difficile problème trouvent leur source au droit du bassin Rhéno-Westphalien, des territoires drainés par la Moselle ainsi que dans la plaine d'Alsace et du pays de Bade. Il y a en outre certainement d'autres sources de pollution non encore reconnues jusqu'à présent.

On remarque notamment que les chlorures augmentent principalement une première fois entre Kembs–Lauterbourg, une seconde fois entre Braubach et Rees; les teneurs de l'eau du Rhin en sels, actuellement réalisées à Lobith, sont à la limite du tolérable et dépassent certains jours les normes admises par les législations p. ex. d'Allemagne et des Etats-Unis d'Amérique pour l'eau potable.

Quant aux phénols et autres composés organiques, si leur présence dans le secteur Eschenz–Kembs–Lauterbourg n'est pas source de soucis, leur concentration devient inquiétante plus en aval. Simultanément d'ailleurs, on enregistre une baisse importante de la richesse en oxygène des eaux du fleuve jusqu'à une valeur défavorable.

L'état du Rhin aux endroits examinés et tout spécialement en aval apparaît tel qu'il paraît indispensable dans un avenir aussi proche que possible d'adopter toutes les mesures susceptibles d'obtenir son amélioration.

LISTE DES TABLEAUX ET FIGURES

Fig. 1
Übersichtskarte — Carte d'ensemble

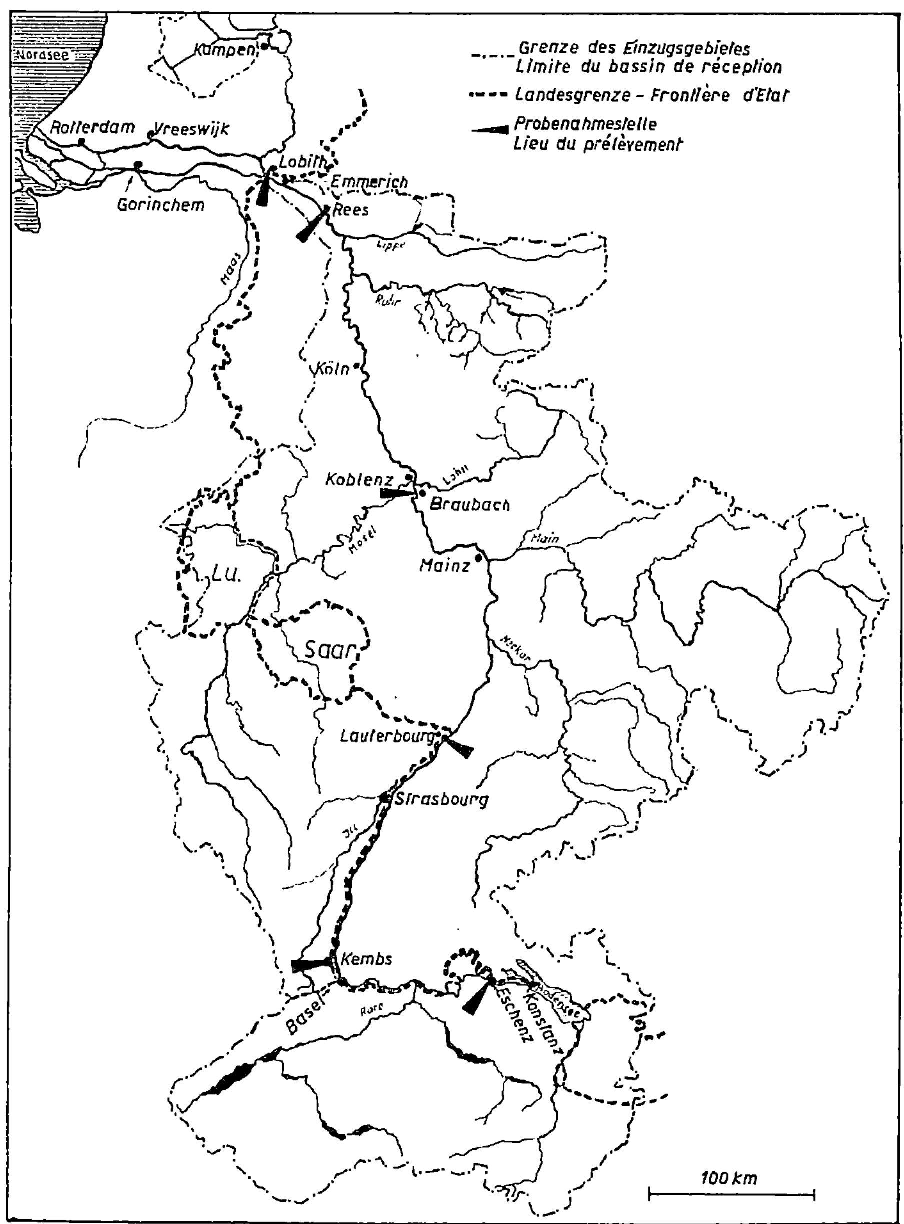

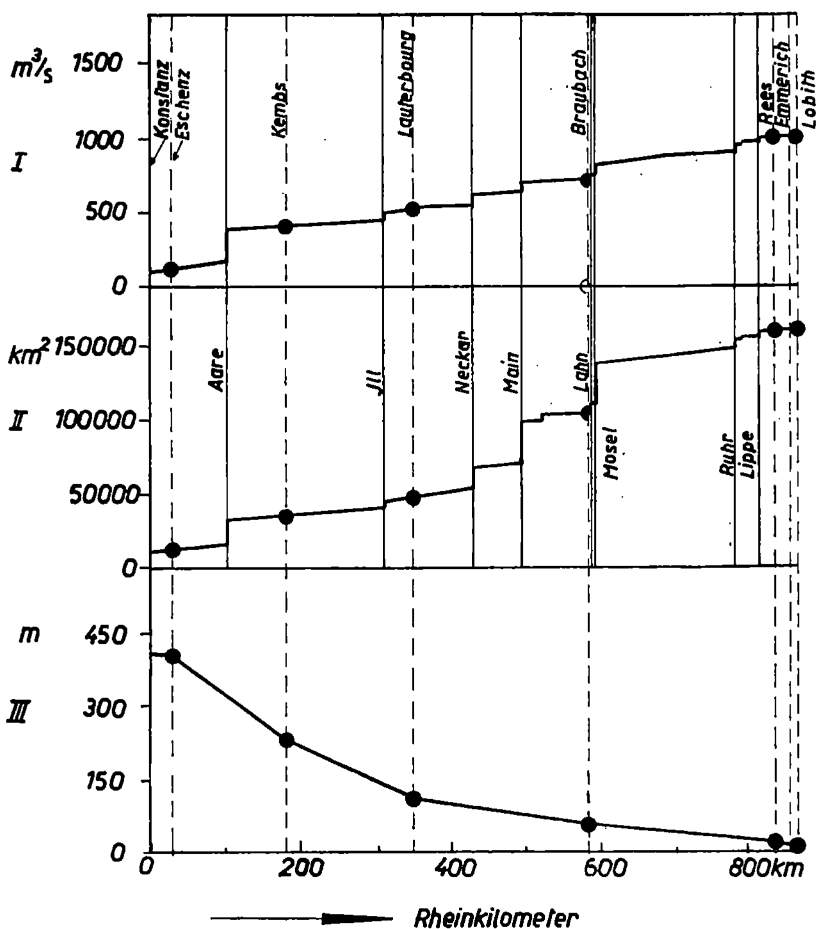

I   Débits du Rhin pour un étiage moyen

II Augmentation du bassin de réception du Rhin de Constance à Lobith

III Altitude des stations

Additional material from *Bericht der Experten-Kommission über die physikalisch-chemische Untersuchung des Rheinwassers,* ISBN 978-3-0348-6791-7 (978-3-0348-6791-7_OSFO1), is available at http://extras.springer.com

Tabelle / Tableau 2

			pH-Tagesmittel Moyennes journalières					
Nr. No	Monat Mois		Eschenz	Kembs	Lauter- bourg	Brau- bach	Rees	Lobith
1	Juni	Mitte	8,35	8,05	—	7,35	7,4	7,6
2	Juin	Ende	8,35	8,2	7,9	7,4	7,4	7,5
3	Juli	Milieu	8,2	8,2	7,9	7,5	7,4	7,7
4	Juillet	Fin	8,25	7,95	7,9	7,4	7,4	7,25
5	August	Mitte	8,35	8,15	7,9	7,4	7,4	7,5
6	Août	Ende	8,0	8,0	7,9	7,5	7,4	7,5
7	September	Milieu	8,3	7,9	7,9	7,4	7,2	7,6
8	Septembre	Fin	8,4	8,0	7,9	7,3	7,4	7,65
9	Oktober	Mitte	8,35	8,05	7,9	7,3	7,3	7,8
10	Octobre	Ende	8,25	7,9	7,9	7,35	7,3	7,5
11	November	Milieu	8,2	8,1	7,9	7,6	7,3	7,5
12	Novembre	Fin	8,0	7,95	7,9	7,35	7,25	7,65
13	Dezember	Mitte	8,0	7,9	7,9	—	—	7,6
14	Décembre	Ende	8,1	8,0	7,9	—	—	7,7
15	Januar	Milieu	8,1	7,95	7,65	7,35	7,4	7,85
16	Janvier	Fin	8,2	7,85	7,7	7,7	7,7	7,6
17	Februar	Mitte	8,25	7,95	7,7	—	—	—
18	Février	Ende	8,2	8,05	7,85	7,65	7,7	7,6
19	März	Milieu	8,3	8,1	7,9	7,5	7,5	7,6
20	Mars	Fin	8,35	7,9	7,8	7,6	7,45	7,5
21	April	Mitte	8,45	8,2	7,9	7,5	7,4	7,7
22	Avril	Ende	8,6	8,25	8,0	7,7	7,45	7,7
23	Mai	Milieu	8,5	8,0	7,9	7,6	7,7	7,6
24	Mai	Fin	8,5	7,8	7,8	7,6	7,45	7,8
25	Juni	Mitte	8,5	8,1	7,8	7,7	7,3	7,7
	Juin	Ende						
Mittelwerte Valeurs moyennes	1–25		8,3	8,0	7,85	7,5	7,4	7,6

Additional material from *Bericht der Experten-Kommission über die physikalisch-chemische Untersuchung des Rheinwassers,* ISBN 978-3-0348-6791-7 (978-3-0348-6791-7_OSFO2), is available at http://extras.springer.com

Bericht über die physikalisch-chemische Untersuchung des Rheinwassers

Tabelle / Tableau 10
Abflußmengen an den holländischen Stationen / Débits aux stations hollandaises

	Abflußmengen in m³/sec. − Débits en m³/sec.					
Nr. No	1953/54 Monat / Mois		Lobith	Gorinchem	Vreeswijk	Kampen	Gorinchem + Vreeswijk + Kampen
1	Juni	Mitte	2095	1330	350	220	1900
2	Juin	Ende	3165	1900	510	290	2700
3	Juli	Milieu	2885	2124	600	401	3125
4	Juillet	Fin	2270	1634	444	300	2378
5	August	Mitte	1790	1311	348	236	1895
6	Août	Ende	1490	1095	278	179	1552
7	September	Milieu	1005	765	179	109	1053
8	Septembre	Fin	1035	768	180	108	1056
9	Oktober	Mitte	975	753	173	102	1028
10	Octobre	Ende	900	705	156	90	951
11	November	Milieu	910	696	163	97	956
12	Novembre	Fin	800	609	141	81	831
13	Dezember	Mitte	710	552	125	70	747
14	Décembre	Ende	760	526	126	69	721
15	Januar	Milieu	1190	801	185	82	1068
16	Janvier	Fin	1670	1414	369	276	2059
17	Februar	Mitte	—	—	—	—	—
18	Février	Ende	1105	762	172	95	1029
19	März	Milieu	1265	937	225	149	1311
20	Mars	Fin	1310	970	236	154	1360
21	April	Mitte	1960	1466	390	270	2126
22	Avril	Ende	1230	916	220	142	1278
23	Mai	Milieu	1145	851	203	125	1179
24	Mai	Fin	1425	1012	257	168	1437
25	Juni	Mitte	1490	1074	274	178	1526
	Juin	Ende					
Mittelwerte Valeurs moyennes	1–25		1440,8	1040,4	262,7	166,3	1469,4

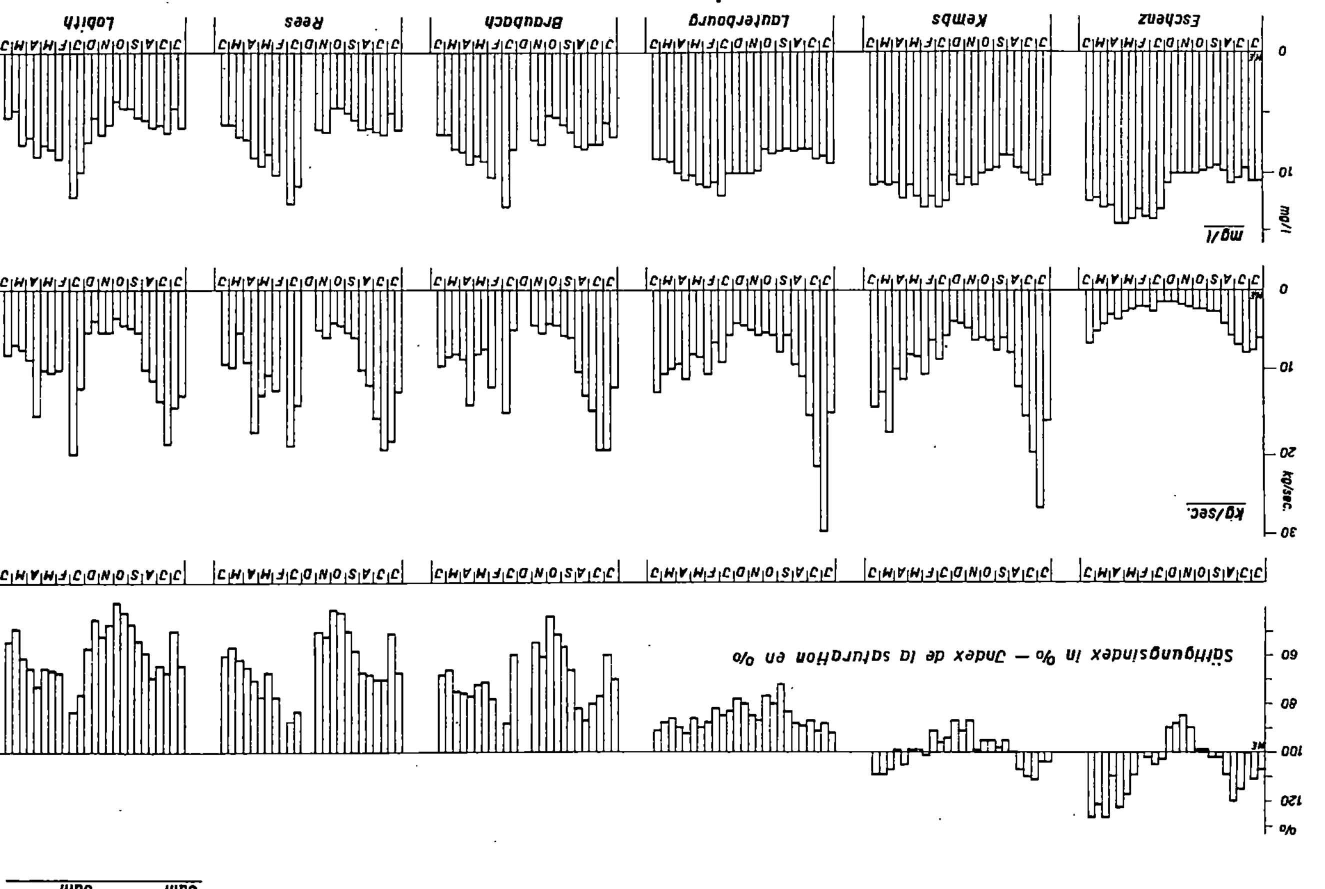

Fig. 3
Sauerstoff – Oxygène
Juni 1953 – Juni 1954
Juin 1953 – Juin 1954
Sättigungsindex in % – Index de la saturation en %
kg/sec.
mg/l
Eschenz
Kembs
Lauterbourg
Braubach
Rees
Lobith

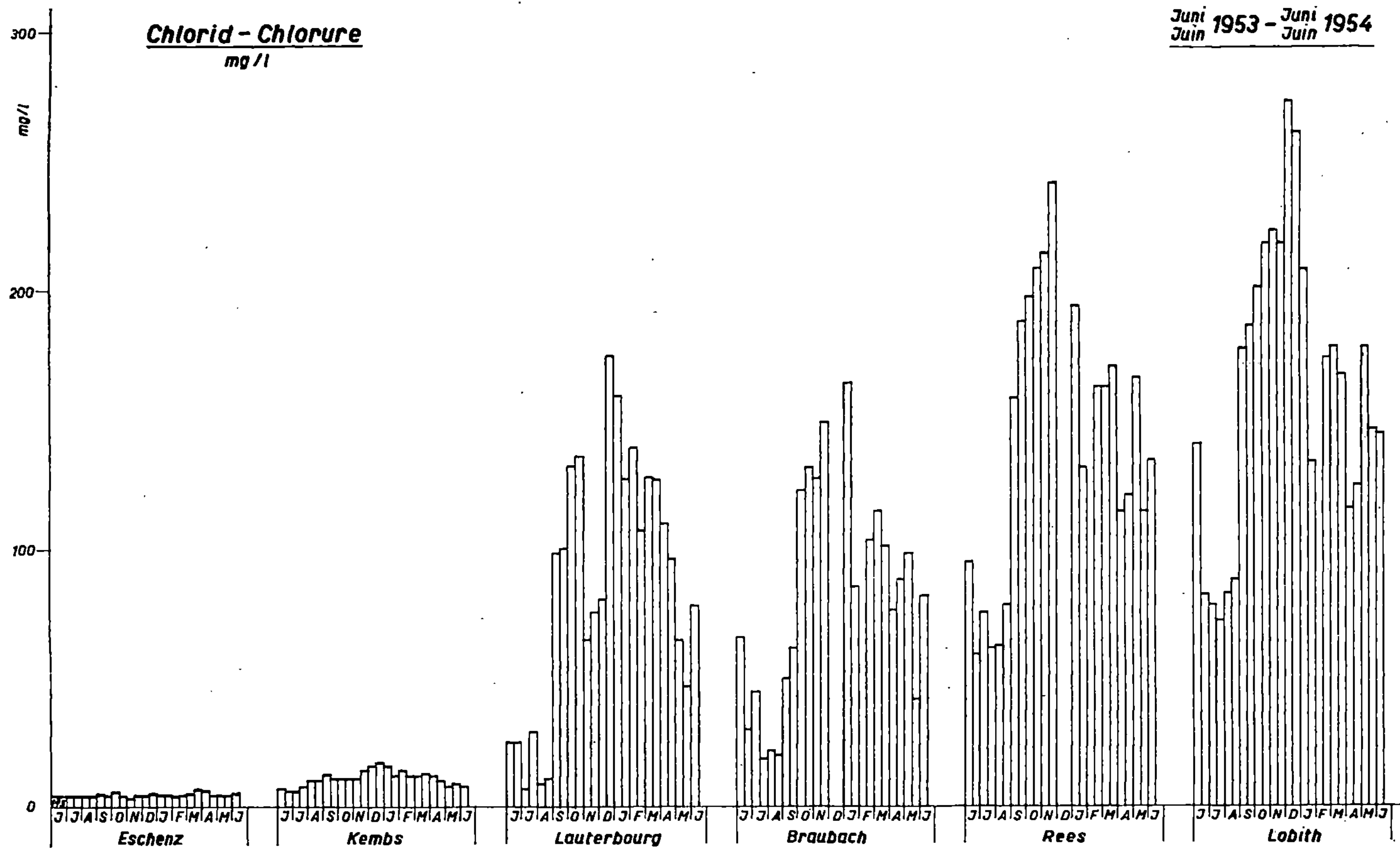

Fig. 4
Chlorid - Chlorure
mg/l
Juni 1953 - Juni 1954
Juin   Juin
mg/l
300
200
100
0
Eschenz
Kembs
Lauterbourg
Braubach
Rees
Lobith

Fig. 5

Phenol – Phénol
Februar – Juni 1954
Février – Juin 1954
mg/l
kg/sec.
mg/l
kg/sec
0.2
0.1
0
E
K
L
F M A M J
Braubach
F M A M J
Rees
F M A M J
Lobith

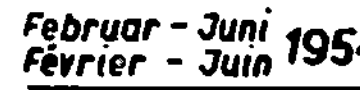

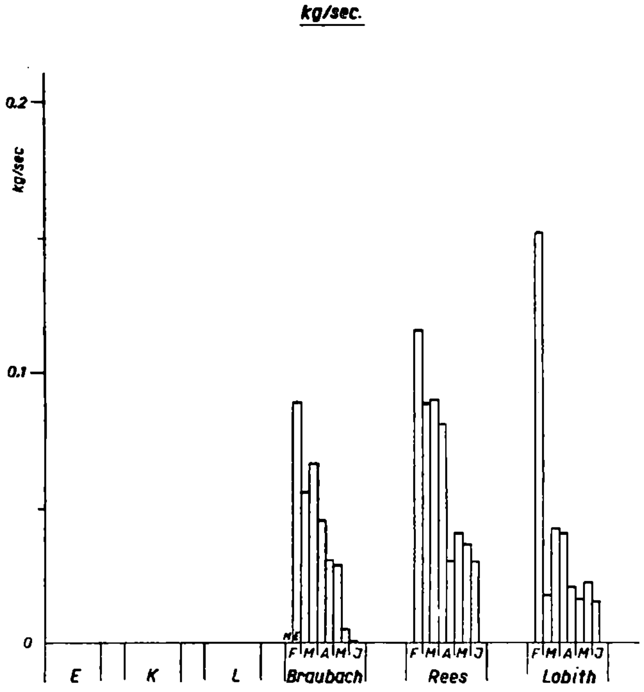

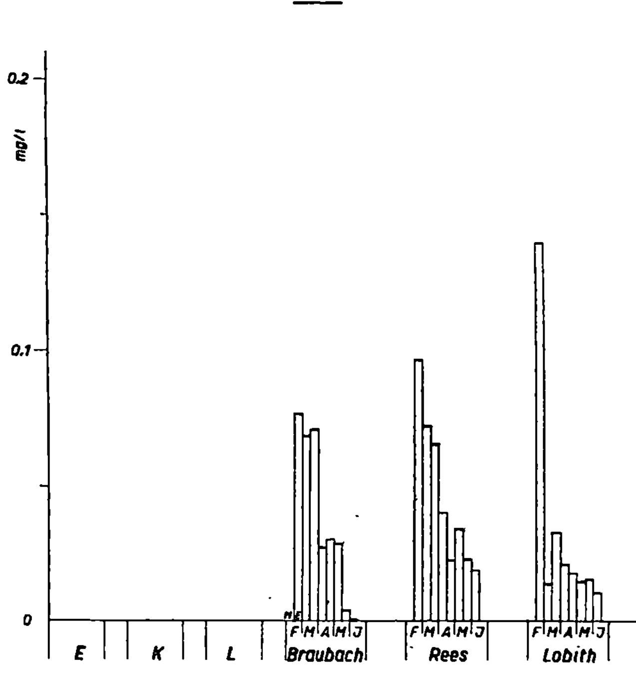

Fig. 6

Abflussmenge – Débit
m³/sec.

Juni 1953 – Juni 1954
Juin 1953 – Juin 1954

M.E = Mitte.Ende Monat. Tagesmittel
Milieu.fin du mois.moyenne journ.

m³/sec
4000
2000
0

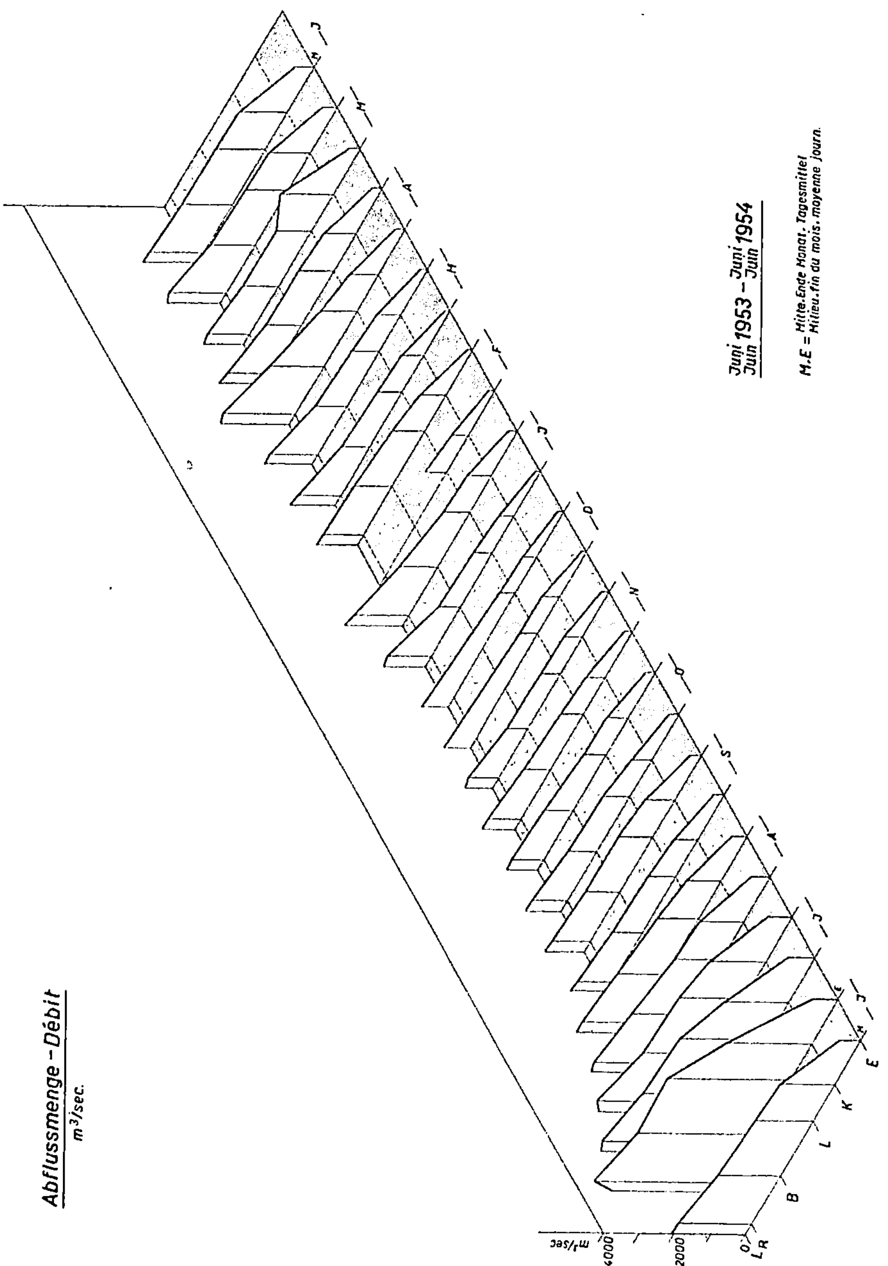

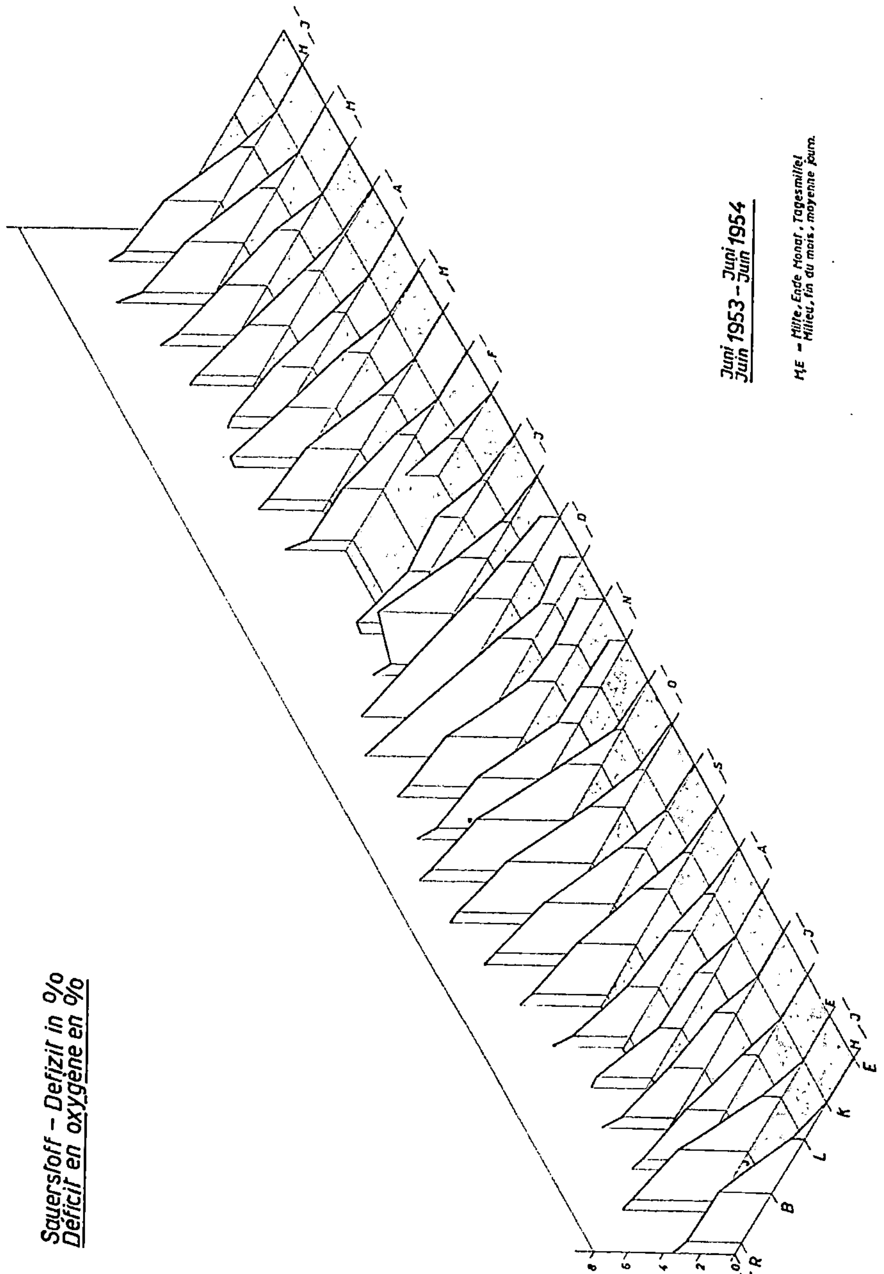

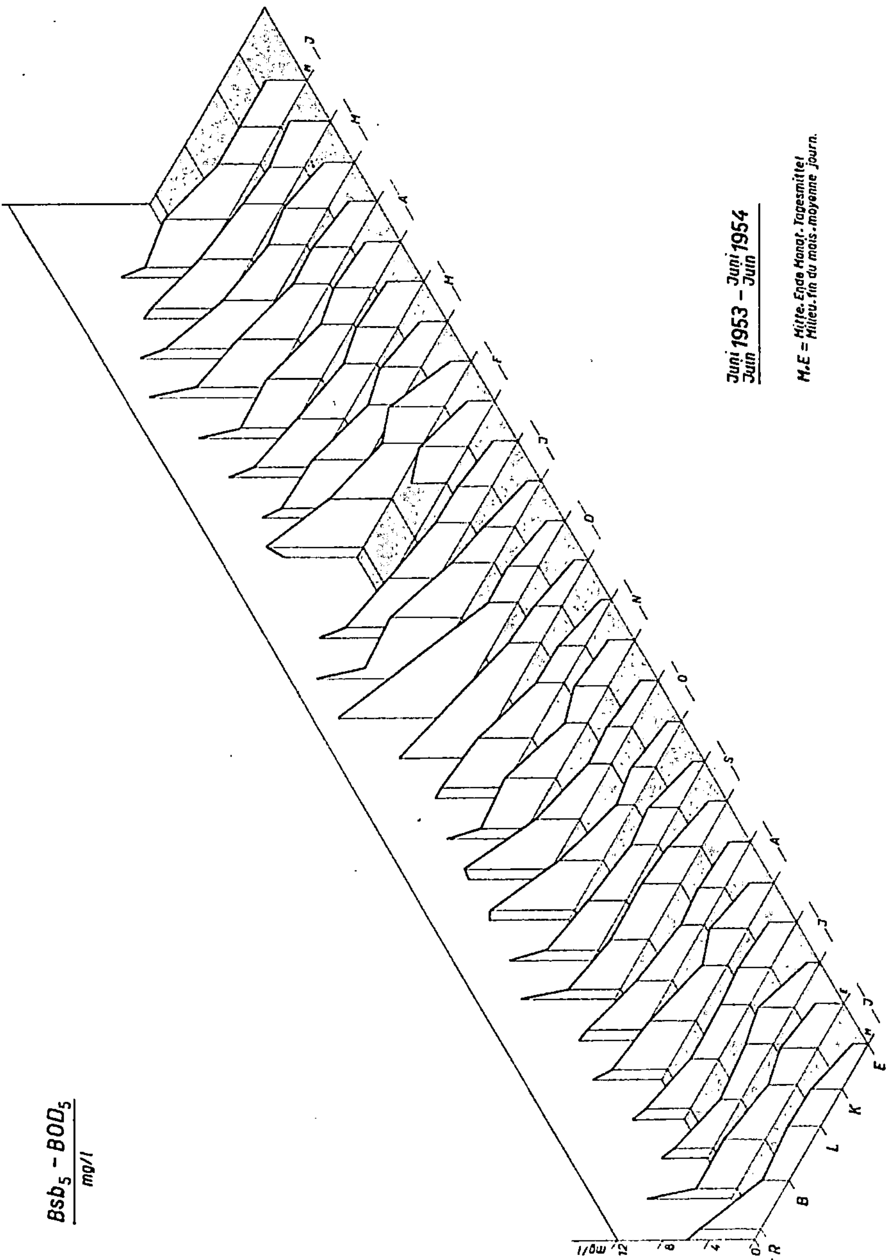
Bsb₅ – BOD₅
mg/l
Juni 1953 – Juni 1954
Juin – Juin
M.E = Mitte. Ende Monat. Tagesmittel
Milieu. fin du mois. moyenne journ.

Fig. 9

Ammonium
Azote ammoniacal
mg/l
mg/l
Juni 1953 – Juni 1954
Juin 1953 – Juin 1954
M.E = Mitte-Ende Monat. Tagesmittel
M.E = Milieu. fin du mois. moyenne journ.

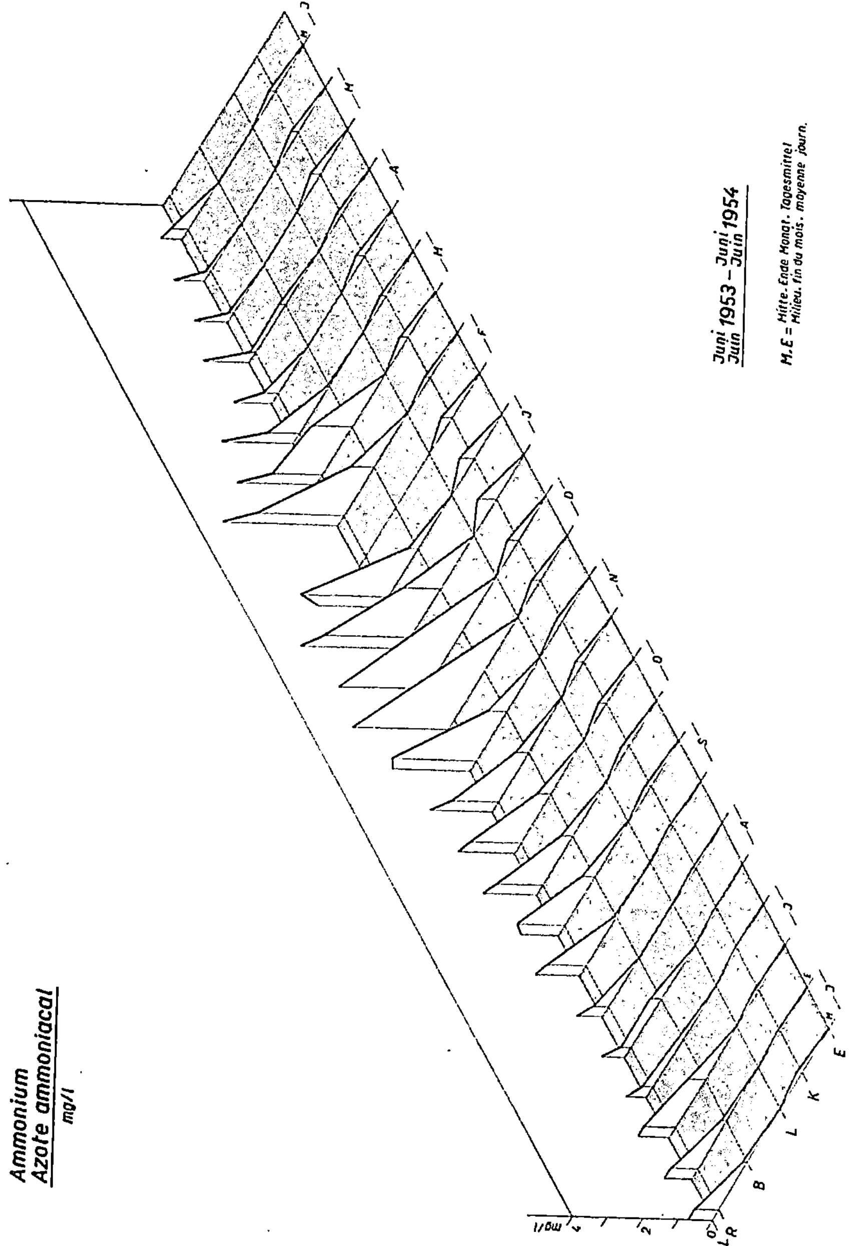

Fig. 10

Chlorid - Chlorure

mg/l

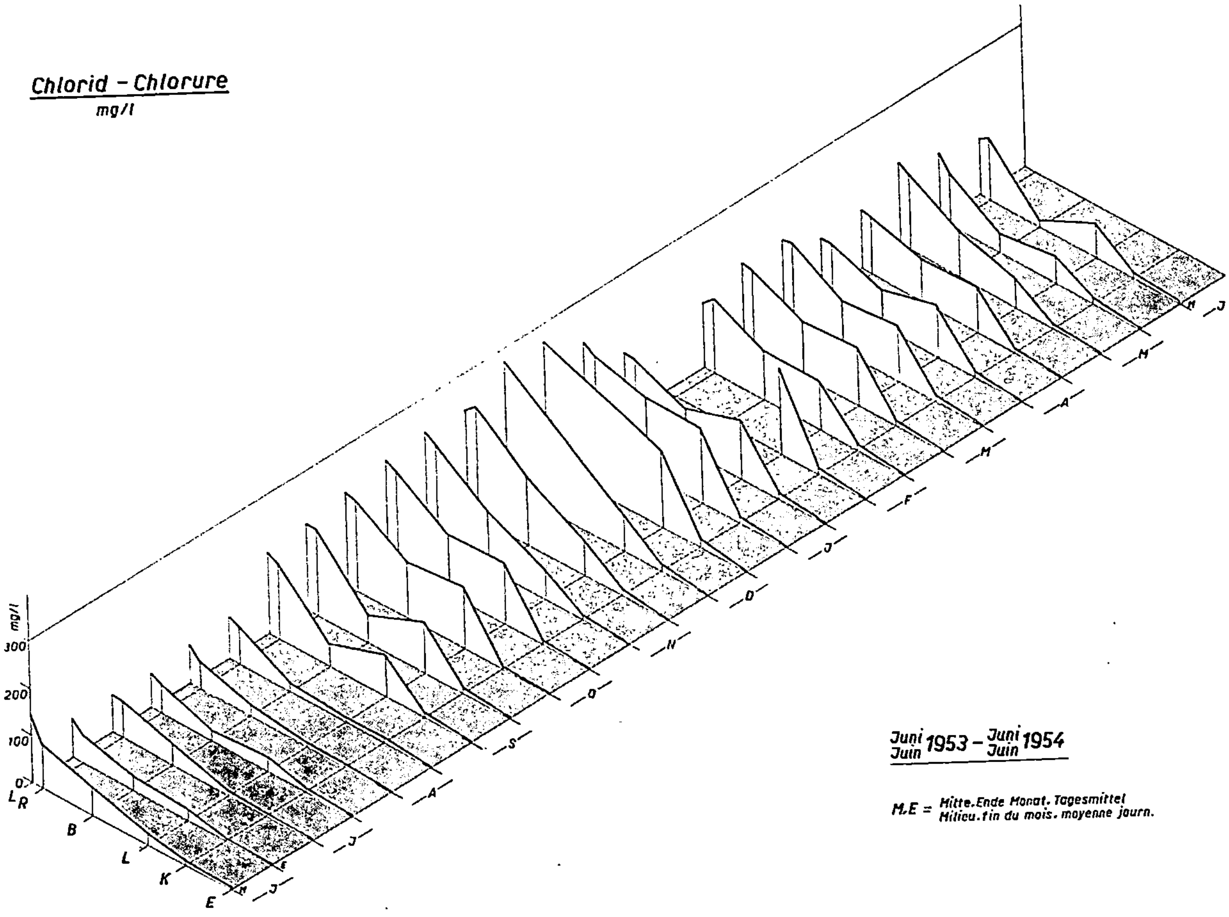

Juni / Juin 1953 – Juni / Juin 1954

M.E = Mitte.Ende Monat. Tagesmittel
Milieu.fin du mois. moyenne journ.

Fig. 11

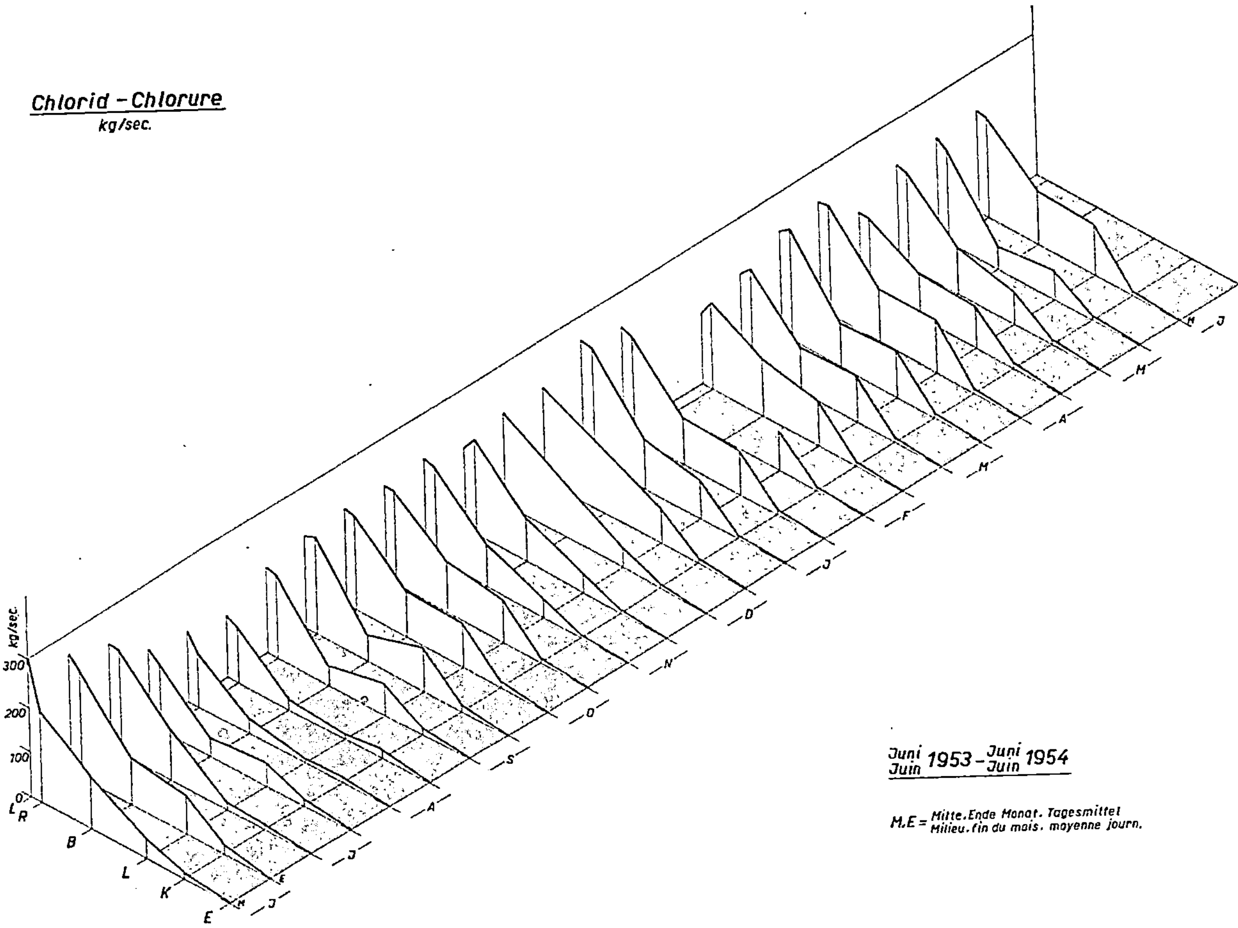
Chlorid – Chlorure
kg/sec.
kg/sec.
300
200
100
0
Juni 1953 – Juni 1954
Juin 1953 – Juin 1954
M.E = Mitte.Ende Monat. Tagesmittel
M.E = Milieu.fin du mois. moyenne journ.

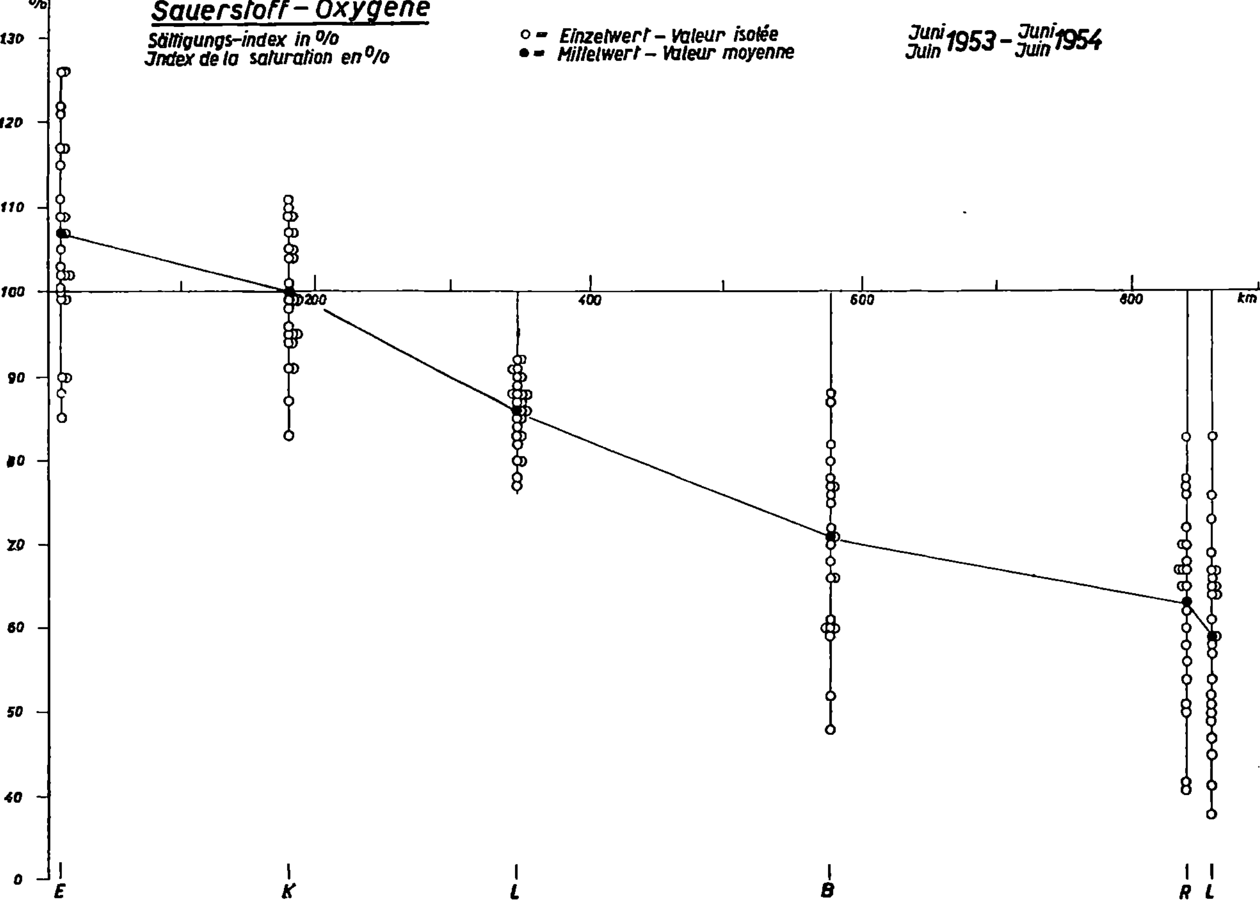

Sauerstoff–Oxygène
Sättigungs-index in %
Index de la saturation en %
o = Einzelwert – Valeur isolée
● = Mittelwert – Valeur moyenne
Juni 1953 – Juni 1954
Juin 1953 – Juin 1954
Fig. 12
%
130
120
110
100
90
80
70
60
50
40
0
200
400
600
800
km
E
K
L
B
R L

Fig. 13

Bsb_5 in mg/l – Streuung der Tagesmittelwerte
BOD_5 en – Dispersion des valeurs journ. moyennes
○ = Einzelwert – Valeur isolée
● = Mittelwert – Valeur moyenne
Juni 1953 – Juni 1954
Juin 1953 – Juin 1954
km
mg/l
10
5
0
200
400
600
800
E
K
L
B
R
L

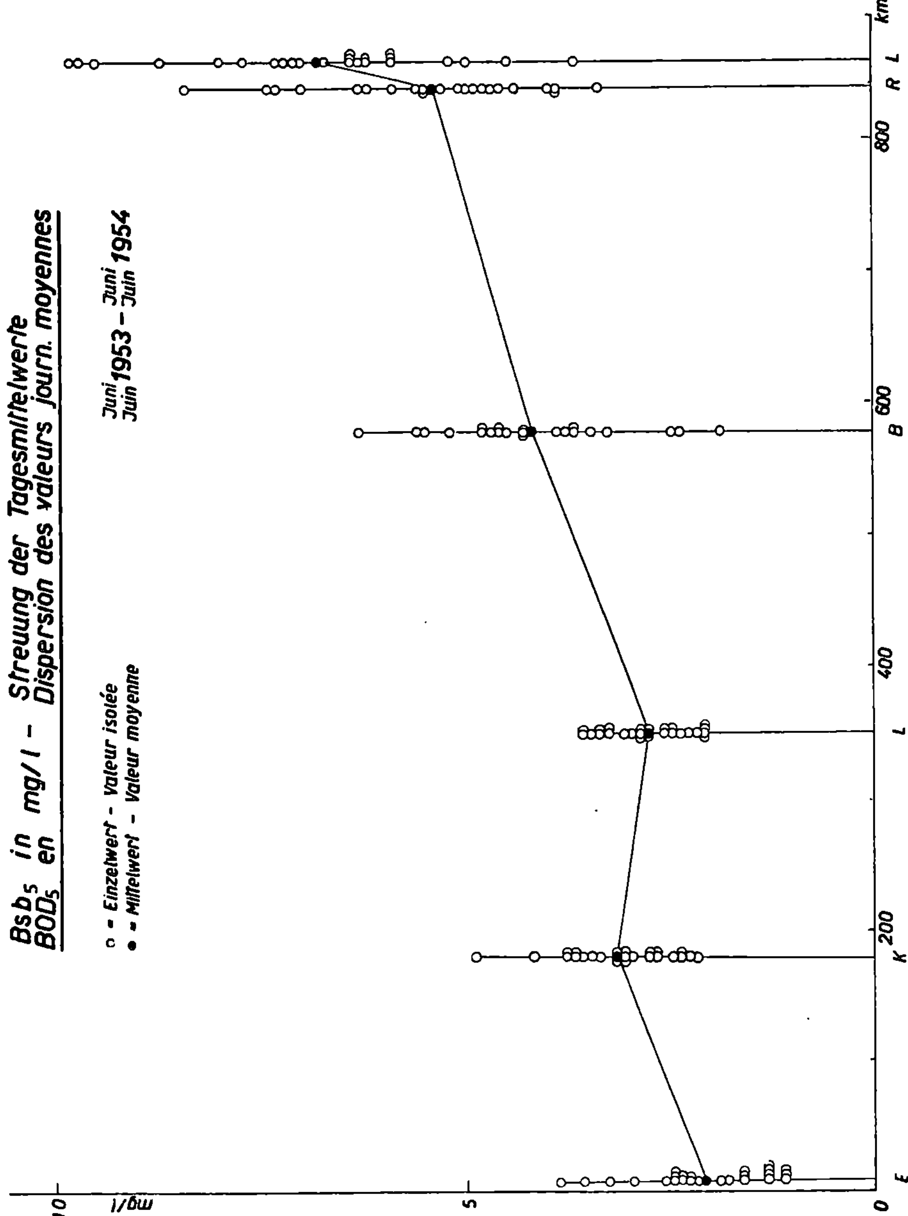

Fig. 14

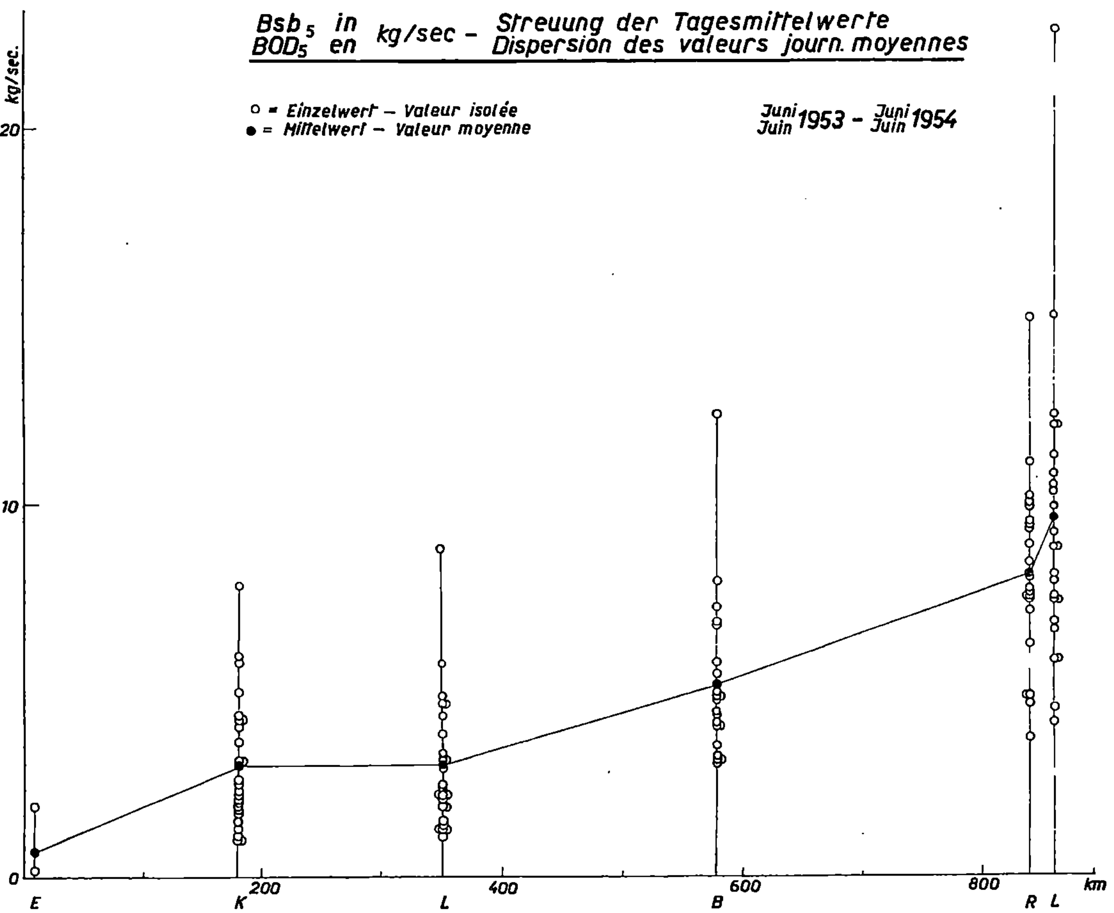
Bsb₅ in kg/sec - Streuung der Tagesmittelwerte
BOD₅ en kg/sec - Dispersion des valeurs journ. moyennes
o = Einzelwert - Valeur isolée
● = Mittelwert - Valeur moyenne
Juni 1953 - Juni 1954
Juin 1953 - Juin 1954
kg/sec.
20
10
0
E
K 200
L 400
B 600
R L 800 km

Fig. 15

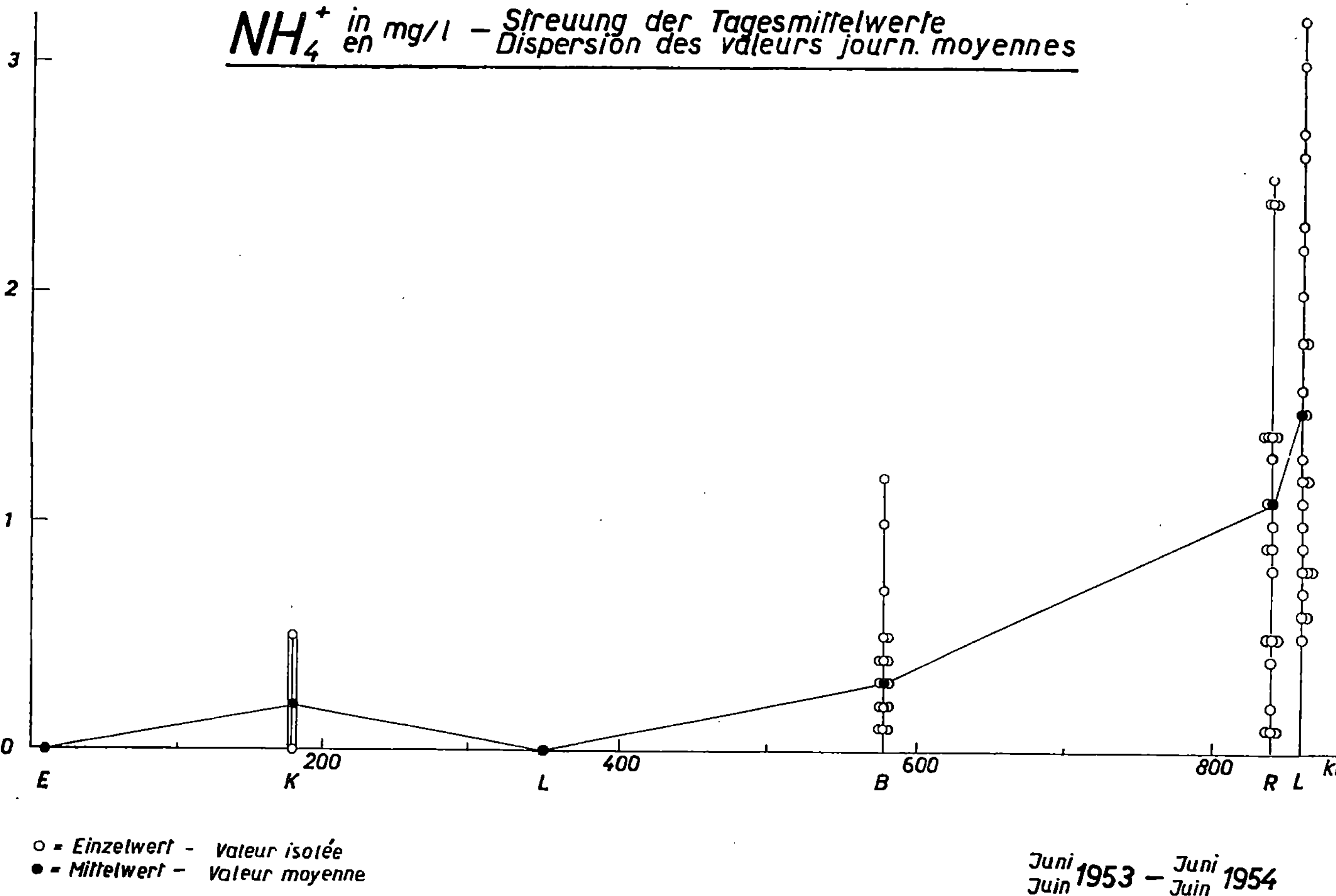

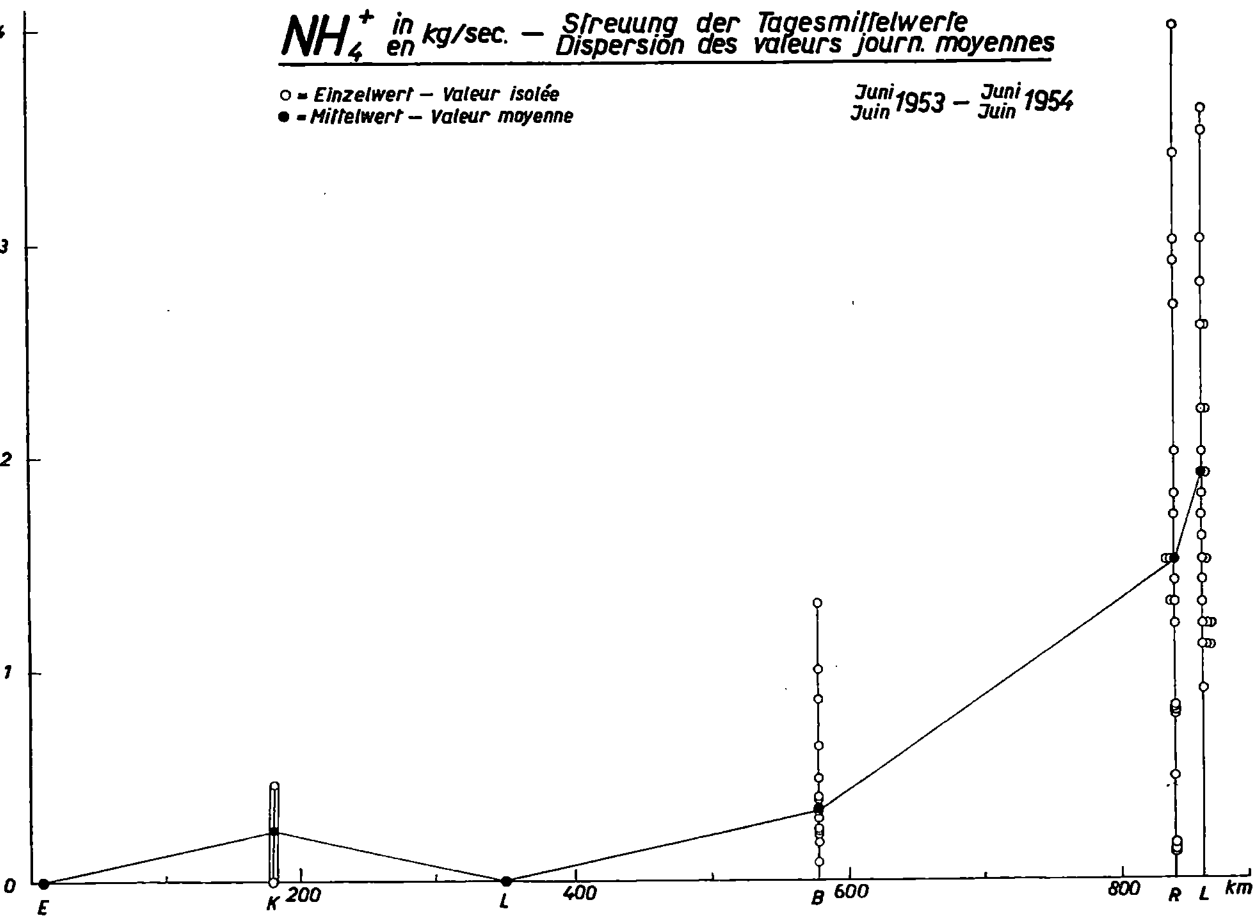

NH₄⁺ in kg/sec. — Streuung der Tagesmittelwerte
en kg/sec. — Dispersion des valeurs journ. moyennes
O = Einzelwert — Valeur isolée
● = Mittelwert — Valeur moyenne
Juni 1953 — Juni 1954
Juin 1953 — Juin 1954
E   K 200   L   400   B 600   800   R   L km
0   1   2   3   4

Fig. 17

NO_3^- in mg/l – Streuung der Tagesmittelwerte
Dispersion des valeurs journ. moyennes
Juni 1953 – Juni 1954
Juin – Juin
o = Einzelwert – Valeur isolée
• = Mittelwert – Valeur moyenne
km
200
400
600
800
E
K
L
B
R L
0
5
10
15

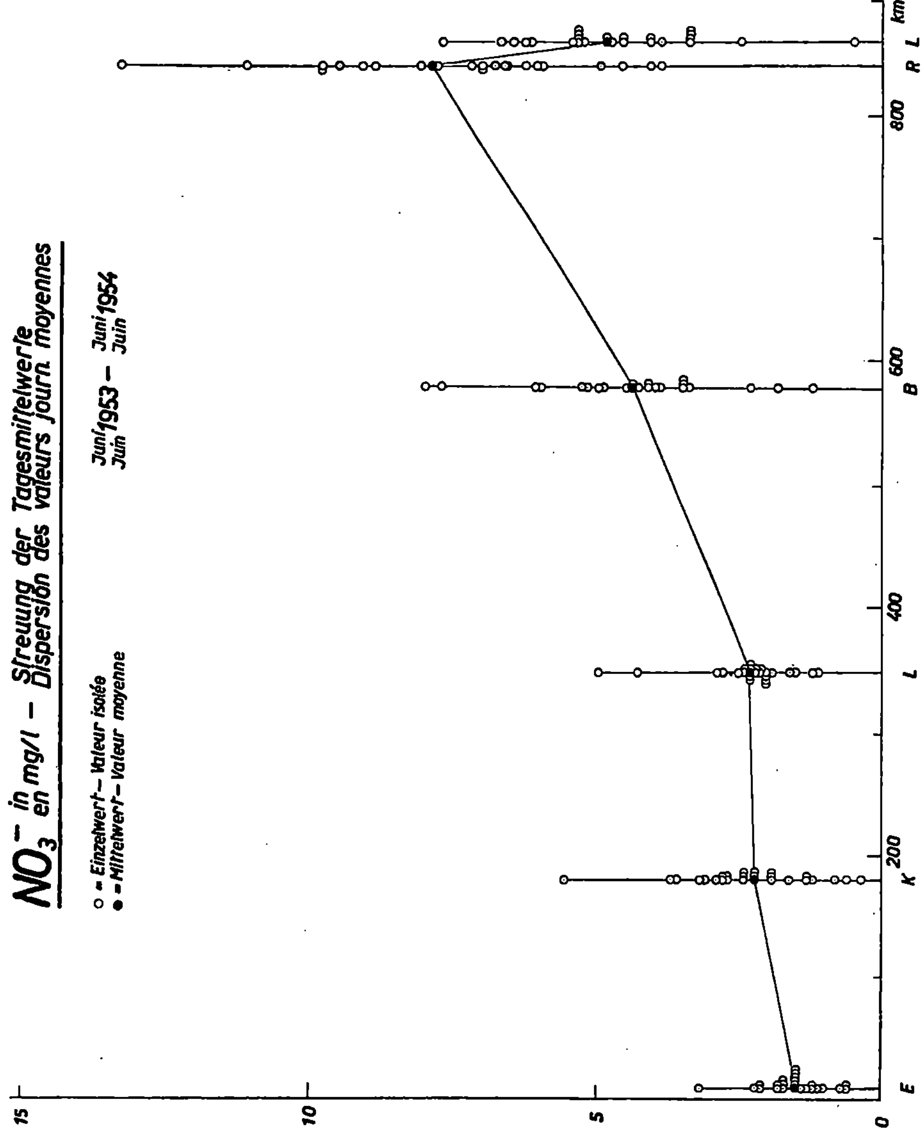

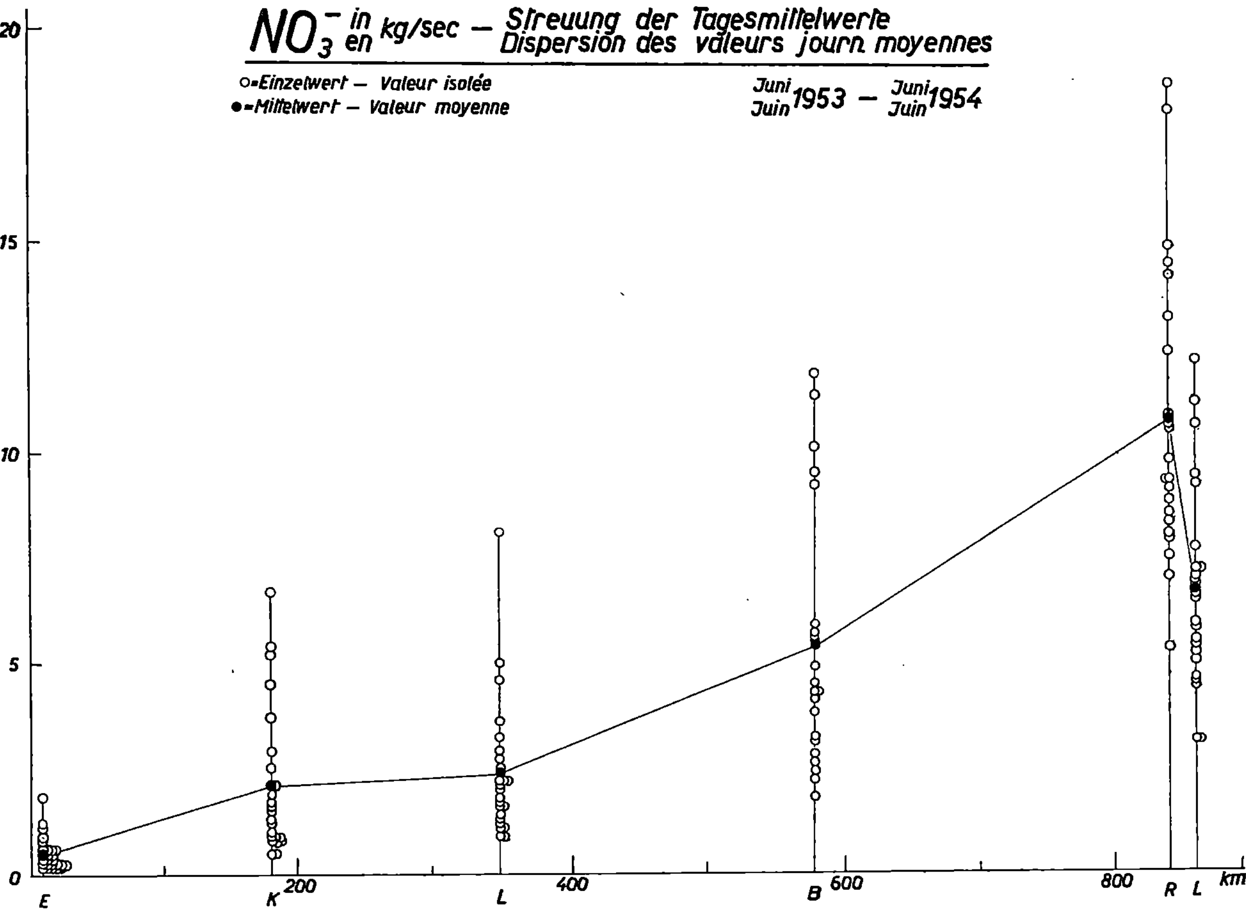

Fig. 18
NO_3^- in kg/sec — Streuung der Tagesmittelwerte
en kg/sec — Dispersion des valeurs journ. moyennes
o=Einzelwert — Valeur isolée
●=Mittelwert — Valeur moyenne
Juni 1953 — Juni 1954
Juin 1953 — Juin 1954
20
15
10
5
0
E
K 200
L
B 600
400
800
R L
km

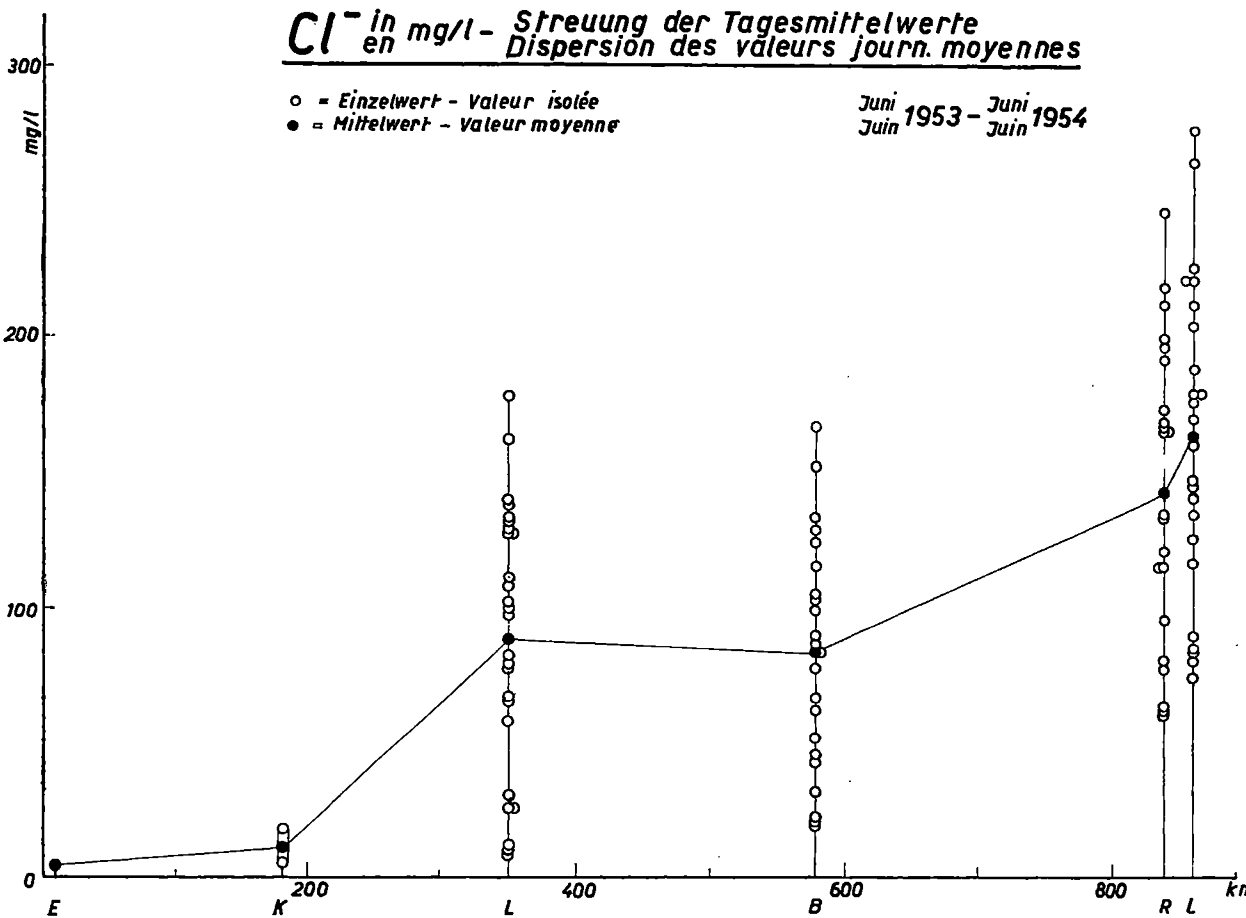
Fig. 19
Cl⁻ in mg/l - Streuung der Tagesmittelwerte
en mg/l - Dispersion des valeurs journ. moyennes
o = Einzelwert - Valeur isolée
● = Mittelwert - Valeur moyenne
Juni 1953 - Juni 1954
Juin 1953 - Juin 1954
mg/l
300
200
100
0
E
K
200
L
400
B
600
800
R L
km

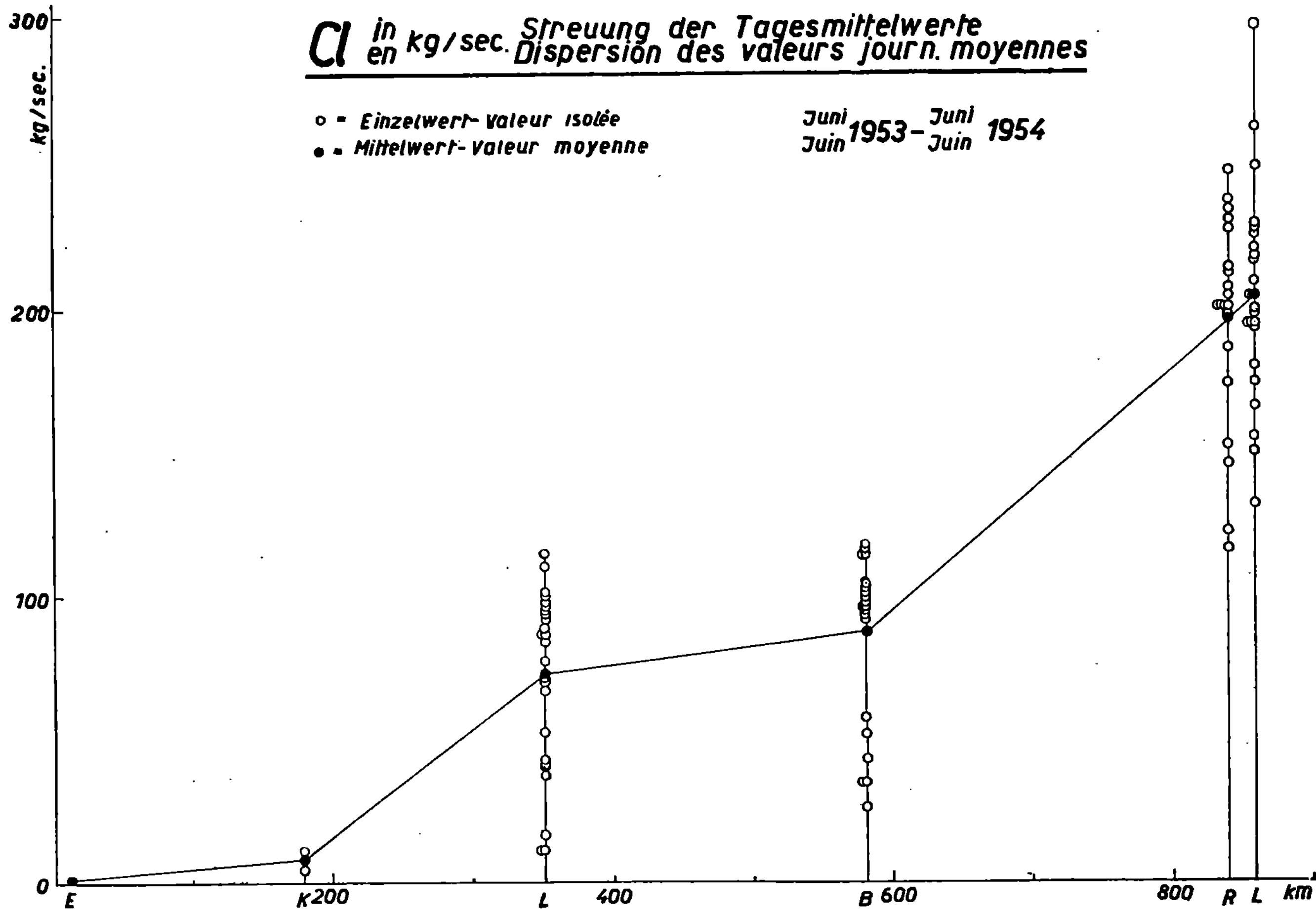

Cl in kg/sec. Streuung der Tagesmittelwerte
en kg/sec. Dispersion des valeurs journ. moyennes
o = Einzelwert - Valeur isolée
• = Mittelwert - Valeur moyenne
Juni 1953 - Juni 1954
Juin 1953 - Juin 1954
kg/sec.
300
200
100
0
E
K 200
L 400
B 600
800 R L km

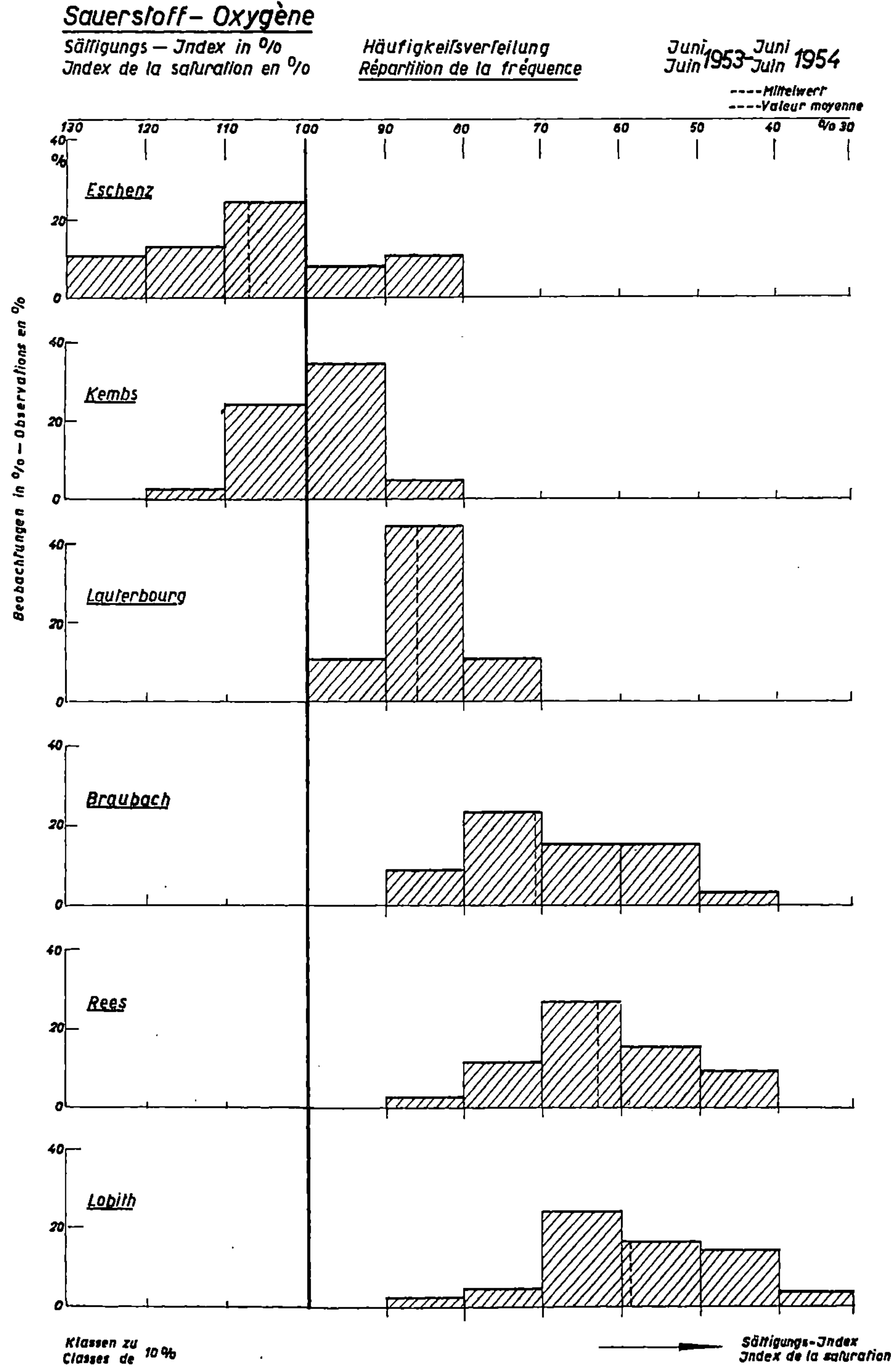
Sauerstoff– Oxygène
Sättigungs – Jndex in %
Jndex de la saturation en %
Häufigkeitsverteilung
Répartition de la fréquence
Juni 1953 – Juni 1954
Juin 1953 – Juin 1954
----Mittelwert
----Valeur moyenne
Beobachtungen in % – Observations en %
130 120 110 100 90 80 70 60 50 40 %30
40 %
20
0
Eschenz
Kembs
Lauterbourg
Braubach
Rees
Lobith
Klassen zu 10 %
Classes de 10 %
Sättigungs-Jndex
Jndex de la saturation

Fig. 22

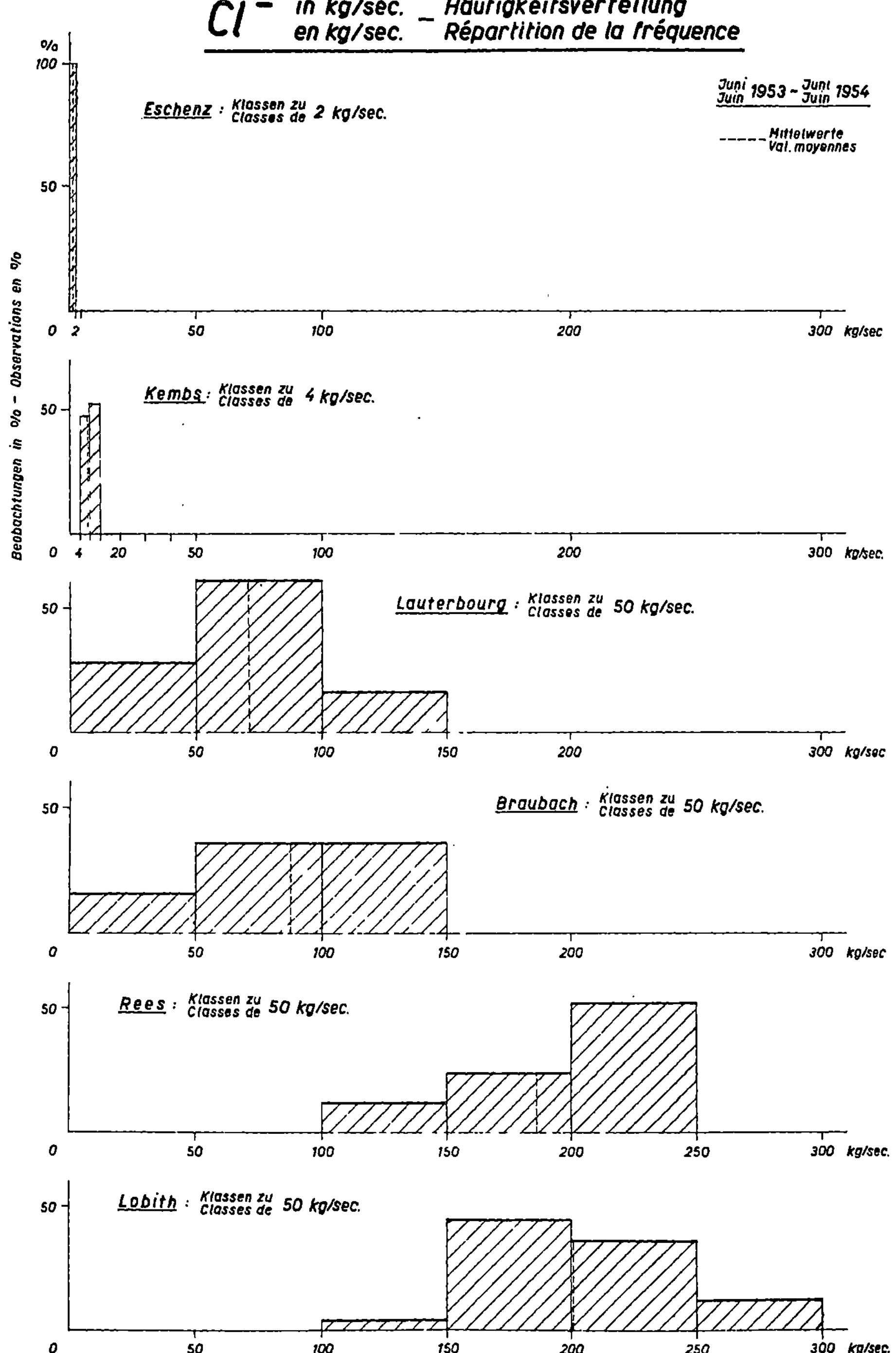
Cl⁻ in kg/sec. _ Häufigkeitsverteilung
en kg/sec. ‾ Répartition de la fréquence
%
100
Eschenz : Klassen zu 2 kg/sec.
Classes de
Juni 1953 - Juni 1954
Juin   Juin
Mittelwerte
Val. moyennes
50
Beobachtungen in % - Observations en %
0   2   50   100   200   300   kg/sec
Kembs : Klassen zu 4 kg/sec.
Classes de
50
0 4 20   50   100   200   300   kg/sec.
Lauterbourg : Klassen zu 50 kg/sec.
Classes de
50
0   50   100   150   200   300   kg/sec
Braubach : Klassen zu 50 kg/sec.
Classes de
50
0   50   100   150   200   300   kg/sec
Rees : Klassen zu 50 kg/sec.
Classes de
50
0   50   100   150   200   250   300   kg/sec.
Lobith : Klassen zu 50 kg/sec.
Classes de
50
0   50   100   150   200   250   300   kg/sec.